JOCHEN BENDEL

DAS GEHEIMNIS **DER SPIEGELUNG**

So werden Mensch und Hund echte Partner

INHALT

GESUCHT – GEFUNDEN

Herbststürme! Während ich auf der massiven weißen Holzveranda unseres Hauses sitze, treibt ein Orkan dunkle, dicke Regenwolken vom offenen Meer aus über den Deich. Ich habe das Gefühl, der Himmel ertrinkt in einem milchigen Grau und durch das laute Heulen des Windes höre ich die großen Wellen der Sturmflut gegen die pechschwarz glänzenden Basaltblöcke der Deichkante schmettern. Mit meinen beiden Fellnasen zusammen habe ich es mir auf der Couch gemütlich gemacht. Gut vor Regen und Sturm geschützt haben wir uns zusammen in eine schwere Wolldecke eingekuschelt. Khaleesi, mein silbergraues Labradormädchen, atmet ruhig und in tiefen Zügen die feuchte, salzige Meeresluft ein. In meinen Händen halte ich eine Tasse mit dunklem, starkem Friesentee, der verführerisch dampft. Jetzt gerade erinnert mich sein malzig süßer Geruch an die Tage, an denen in München von den Brauereien die Ausdünstungen des Anmalzens durch die Straßen waberten. Ich mag schwarzen Tee am liebsten mit ganz viel Zucker und lasse ihn grundsätzlich mindestens vier Minuten ziehen. Nur so bekommt er seine tiefdunkle ziegelrote Farbe, ähnlich der alten gebrannten Hamburger Klinkersteine, aus denen dieses Haus gebaut wurde. Es war eine gute Idee, meine Familie zusammenzutrommeln und mit Sack und Pack aus der Großstadt hierher an die Nordsee zu ziehen. Fast eine Ewigkeit von unserem alten Zuhause entfernt …

Als mein Mann und ich das kleine, fast 100 Jahre alte Kapitänshaus in der Grimmershörnbucht entdeckt haben, konnten wir unser Glück kaum fassen. Es war mitten im Sommer. Wir standen mit unseren beiden Hunden im verwilderten Garten unter einem sehr alten Apfelbaum und blinzelten durch die dichten Äste und Blätter hindurch in die Mittagssonne. Als der Wind unvermittelt das majestätische Tönen eines Signalhorns zu uns über den Deich trug, war es endgültig um uns geschehen. Wir hatten uns bis in die tiefste Stelle unseres Herzens verliebt. Selbst Gizmo und Khaleesi schien die Idee von einem Haus am Meer über alles glücklich zu machen. Noch nie hatten wir unsere beiden Fellnasen so entspannt und gleichzeitig ausgelassen beobachten können. Okay, unser Labradormädchen war damit beschäftigt, tonnenweise vergammeltes Fallobst in sich hineinzuschlingen, und mein Mops suchte vehement nach einer Möglichkeit, durch den Zaun auf das Grundstück unserer Nachbarin zu gelangen. Die hatte nämlich, wie sich später herausstellen sollte, in ihrer Gartenlaube einen großen Beutel Katzenfutter deponiert. An jenem Nachmittag jedoch war uns das egal. Wir waren verliebt. In dieses Haus, in diesen bezaubernd schönen Flecken Erde und in die aufregende Idee, hier zusammen neu anzufangen. Das Glückshormon Dopamin durchflutete unser Gehirn und wie damals vor acht Jahren, als wir uns selbst kennenlernten, hatten wir Schmetterlinge im Bauch.

Um ehrlich zu sein: Wir hatten nicht wirklich nach diesem Haus gesucht. »Es hatte UNS gesucht«, schoss es Matthias und mir durch den Kopf. Wir waren füreinander bestimmt, sonst würden wir vier jetzt nicht hier stehen und wären nicht so emotional aufgewühlt und überglücklich. Dabei hatte dieses kleine Kapitänshaus schon ein Jahrhundert auf dem Buckel, der Lack war ab. Doch bei einer ersten Hausführung schien es mir, als hätte es die vielen Geschichten, Dramen und Glücksmomente der Menschen, die einst in ihm wohnten, konserviert. Wie viel Arbeit auf uns zukommen würde und wie viel Geld wir in unseren Traum versenken würden, war uns in diesem Moment egal. Wenige Tage später unterschrieben wir den Kaufvertrag …

Seitdem sind vier Jahre vergangen – und ganz ehrlich: Wir haben es noch keinen einzigen Tag bereut. Jetzt hier, gut geschützt vor der Sturmflut auf der Veranda mit meinen Hunden eingekuschelt, weiß ich aber, dass der Gedanke von damals, das Haus hätte sich UNS ausgesucht, nicht ganz richtig war. Eigentlich hätte ich es besser wissen sollen. Schließlich bekomme ich einen ähnlich magischen Satz bei meiner Arbeit mit Menschen und Hunden immer wieder zu hören: »Der Hund hat mich ausgesucht.« Und ja, die Vorstellung ist sicher reizvoll und, nicht zu vergessen, megaromantisch. Trotzdem spiegelt sie nur eine Seite der Medaille. Denn mit der Liebe und dem Finden, sei es bei uns Menschen, unseren Hunden oder auch einfach nur bei materiellen Dingen, läuft es immer ähnlich ab. Wir verlieben uns aus ganz bestimmten Gründen: Weil wir im Gegenüber etwas sehen, das uns selbst betrifft. Das unser Innerstes anspricht oder geheime Wünsche und Sehnsüchte triggert, die möglicherweise tief in uns begraben liegen. An alle Singles: Hand aufs Herz! Viele von Ihnen verlieben sich immer wieder in den gleichen Typen Mensch – und scheitern leider auch immer und immer wieder. Warum ist das so? Nun, Menschen auf Partnersuche sind irgendwie auch auf der Suche nach sich selbst. Unbewusst suchen sie etwas in ihrem neuen Partner, das sie sich auch für sich wünschen. Und dabei ist es egal, ob der Partner auf zwei oder auf vier Beinen in ihr Leben tritt. Wieso sonst leben Ungarische Jagdhunde und edle Weimaraner so häufig bei Managern mit viel zu wenig Freizeit, Hütehunde und Retriever bei Familien mit Kindern und Angsthunde aus dem Tierschutz bei Singles?

Dass ein ganz bestimmter Hund gerade bei uns ist, hat tatsächlich eine weitaus tiefere Bedeutung und gravierendere Auswirkungen auf unser Leben, als wir uns vorstellen können. Schließlich besitzen Hunde eine einmalige Fähigkeit: Sie saugen unsere Stimmung auf wie ein Schwamm. Sie haben einen sehr feinen Riecher für unser Be- und Empfinden. Sie verstehen nicht, was wir sagen, aber sie fühlen, was wir denken. Dadurch halten sie uns mit ihrem Verhalten jeden Tag einen Spiegel vor die Nase. Der tiefe Blick in ihn lohnt sich. Denn der Hund an unserer Seite zeigt uns nicht nur unsere Stärken und Schwächen, sondern auch unsere verborgenen Sehnsüchte und Talente. Dabei ist er schonungslos ehrlich, ohne zu verurteilen, und gibt uns die einmalige Möglichkeit, mehr über uns zu erfahren. So wie es eigentlich nur ein wahrhaft liebender Partner, eine liebende Partnerin kann.

Ist es nicht einfach eine wundervolle Vorstellung, dass es da jemanden gibt, der genau dann für uns da ist, wenn wir ihn am nötigsten brauchen? Der unsere Gefühle und Wünsche erahnt, noch bevor wir sie selbst kennen? Der im richtigen Moment Trost und sein Leben lang bedingungslose Liebe schenkt, ohne etwas dafür zu verlangen? Jemand, der uns in unseren Stärken und Schwächen perfekt ergänzt, uns fördert und gleichzeitig fordert? Jemand, der uns den Spiegel vorhält und uns in jeder Lebenslage berät, besser als jeder Psychotherapeut? Denken Sie vielleicht, dass es so jemanden leider gar nicht gibt? Dann schauen Sie doch mal an sich herunter. Da sitzt dieser Jemand – mit Fell und feuchter Schnauze. Ihre bessere Hälfte, Ihr Lifecoach, der Sie besser kennt als jeder Mensch auf dieser Welt, sogar noch besser als Sie sich selbst.

Was Sie durch Ihren Hund über sich selbst lernen können, wie Sie dadurch bei Problemen gemeinsam über sich hinauswachsen und es dadurch schaffen, die Beziehung zu Ihrem Vierbeiner nachhaltig zu vertiefen, erfahren Sie in diesem Buch – und auch, wie die Wissenschaft das Geheimnis der Spiegelung erforscht. Ich nehme Sie und Ihre Fellnase mit auf eine aufregende, emotionale und spannende Reise zu sich selbst.

Jochen Bendel

DER GEMEINSAME WEG ZUM DREAMTEAM

WER EIN GUTES TEAM SEIN WILL, MUSS AN SICH ARBEITEN – GEMEINSAM. DABEI MUSS MAN AUCH BEREIT SEIN, MAL SEINE KOMFORTZONE ZU VERLASSEN. ZUM GLÜCK ZEIGEN UNS UNSERE FELLNASEN GANZ GENAU, WO ES LANGGEHT. WIR MÜSSEN UNS NUR TRAUEN, GENAU HINZUSCHAUEN.

SPIEGLEIN, SPIEGLEIN …

Hunde achten ganz genau auf das, was mir machen – und vor allem, wie. Daher lässt sich manches Problem im Miteinander nur dadurch lösen, dass wir an uns selbst arbeiten.

In den letzten Jahrzehnten hat sich die Welt für Hunde hierzulande ganz schön verändert. Vor rund 20 Jahren rangierte Deutschland unter den Top 15 der hundefreundlichen Haushalte auf dem drittletzten Platz, weit hinter Großbritannien, Portugal oder Frankreich. Heute, 2022, hat sich die Zahl der hiesigen Fellnasen mehr als verdoppelt – auf über elf Millionen. Unsere flauschigen Freunde sind bestens integrierte Familienmitglieder geworden, die mehr oder weniger Couch, Körbchen und Kauknochen mit uns teilen. Täglich warten sie darauf von uns, mit Aufgaben betraut zu werden, die ihren speziellen Anforderungen, oder sagen wir Talenten, entsprechen. Gut, nicht alle sind wahre Experten, Profis im Aufpassen und Verjagen, Hüten und Bewachen oder fleißige Jagdhelfer. Und nur manche schrecken selbst vor harter körperlicher Arbeit nicht zurück, ob zu Lande oder im Wasser. Den wenigsten jedoch genügt es, einfach nur bei uns rumzuhängen und mit Aufmerksamkeit und Liebe überschüttet zu werden. Dann nämlich passiert unweigerlich das, was in menschlichen Beziehungen auch vorkommen kann: Irgendwann ist die Luft raus und es gibt Probleme.

WARUM ES MANCHMAL EINFACH NICHT KLAPPEN WILL

Ein Glück, dass sich in den letzten 15 Jahren auch die Zahl der Hundetrainer und Hundeschulen explosionsartig vervielfacht hat. Verzweifelte Menschen suchen mit ihren verzweifelten Hunden Rat auf die Frage: »Was muss ich machen, damit er damit aufhört!?« Den Grad ihrer Verzweiflung kann ich als Trainer bereits an der Stimmlage heraushören – und trotzdem muss ich jedes Mal aufs Neue betonen, dass ich leider keinen Knopf zeigen kann, der dieses oder jenes Problem unmittelbar abstellt oder beseitigt, wenn man ihn drückt. Fakt ist: Verhaltensprobleme sind komplex und die Ursachen für sie verschiedener Natur. Es kann einen bestimmten Grund dafür geben, warum eine Fellnase sein Frauchen zum Beispiel plötzlich mit Gewalt daran hindert, das Haus zu verlassen. Genauso kann dieses Verhalten aber auch mehrere Gründe haben. Als Trainer oder Verhaltensberater steht mir ein Werkzeugkasten voller unterschiedlicher Übungen und Trainingsanleitungen zur Verfügung. Mit diesen Tools lasse ich »meine« Hundehalter zusammen mit ihren Hunden als Team arbeiten. In den meisten Fällen klappt das sehr gut und es kommt langfristig zu einer erheblichen Verbesserung oder sogar kompletten Änderung des Verhaltens. Immer wieder passiert es aber auch, dass man nach einer gewissen Zeit den Werkzeugkasten durchhat, das Problem aber noch immer fortbesteht. Das ist für alle Beteiligten natürlich eine sehr frustrierende Situation. Viele Hundebesitzer sind dann genervt und enttäuscht und ziehen weiter zum nächsten Trainer – und von dem irgendwann wieder zum nächsten. Ändern wird sich aber höchstwahrscheinlich nie etwas …

Warum ist das so? Warum haben die einen überhaupt kein Problem damit, die Werkzeuge des Hundetrainings erfolgreich einzusetzen, und andere schon? Ich habe im Laufe der Zeit eine relativ einfache Antwort auf diese Frage gefunden: Es gibt dann irgendetwas in uns, das uns immer wieder Stolpersteine vor die Füße wirft. Wenn wir mit dem Werkzeugkasten tatsächlich erfolglos durch sind, ist das daher ein Zeichen dafür, dass es Zeit wird, mal auf uns selbst zu blicken und uns zu fragen: »Was hindert eigentlich mich im Inneren meiner Persönlichkeit daran, dieses oder jenes zusammen mit meinem Hund zu erarbeiten oder umzusetzen? Warum schaffe ich es beispielsweise nicht, konsequent zu sein oder glaubhaft und ruhig meine Forderungen gegenüber meinem Hund gewaltfrei durchzusetzen?«

Jeder trägt sein Päckchen

Jeder von uns hat irgendein »Thema«, das er mit sich herumträgt. Bei den einen ist dieses Thema klein und auf den ersten Blick vielleicht auch unbedeutend, bei den anderen ist es laut und schrill oder riesengroß und scheinbar unüberwindbar. Egal! Unsere Ratio hat das Ganze ja mehr oder weniger irgendwo ins hinterste Eck geräumt. Hauptsache, aus dem Weg, Hauptsache, es wird nicht mehr bewusst wahrgenommen und scheint damit (endlich) keine

Auf ihre ganz eigene Art zeigen uns Hunde, wo es langgehen könnte, wenn wir uns nur trauen, genauer hinzuschauen.

Rolle mehr zu spielen. Aber wie im richtigen Leben sind die Dinge noch lange nicht aus unserem Leben verschwunden, wenn wir sie in irgendeine Schublade stopfen oder in einen (imaginären) Papierkorb werfen. Sie sind immer noch da. Und manche von ihnen gammeln vor sich hin oder beginnen mit der Zeit zu stinken. Dann müssen wir doch noch mal ran an den ganzen Müll und kräftig drin herumwühlen. Ihn trennen und ordnen, um ihn danach endlich für immer entsorgen zu können.

Was die Schatten der Vergangenheit mit unseren Hunden zu tun haben? Ganz einfach: Auch im Zusammenleben mit ihnen stoßen wir oft an Grenzen, kommen an alte Baustellen oder schwelende Glutnester, die drohen, unter den falschen Voraussetzungen erneut aufzulodern. Sie können häufig der Grund für die Probleme in der Mensch-Hund-Beziehung sein.

Wenn unsere Fellnase eine Verhaltensauffälligkeit zeigt, sind wir in unserem Verhalten dem Hund gegenüber meist schon weit vorher gescheitert. Mit seinem Problem hält er uns nur noch den Spiegel vors Gesicht, als würde er uns zurufen: »Hier, sieh mich an und blick in den Spiegel! Ich kann nicht so, weil du es mir nicht zeigst. Ich kann mich erst ändern, wenn du bereit bist, dich für mich zu ändern.« Der Hund gibt uns durch sein Verhalten also einen Stupser, an uns zu arbeiten und auch Dinge hinter uns zu lassen. Mehr noch: Er ermöglicht es uns sogar, gemeinsam mit ihm zu wachsen. Ohne Hund sind wir, was wir sind. Aber mit Hund sind wir, was wir sein können.

Das Geheimnis der Spiegelung ist die Einladung, eine Reise zu unserer Persönlichkeit und zur tiefen Beziehung zu unserem Hund anzutreten. Das, was ich recherchiert und durch die jahrelange intensive Beschäftigung mit diesem Thema, den Interviews mit erfahrenen Hundeprofis, Coaches und Wissenschaftlern erfahren habe, ist wie alles im Leben jedoch nicht in Stein gemeißelt. Menschen wie Hunde sind vielschichtige Persönlichkeiten und gemeinsame Schwierigkeiten oder Probleme sind immer für sich und niemals pauschal zu betrachten. Deshalb ist dieses Buch auch keine fertige Gebrauchsanleitung für Spiegelungsprobleme, sondern soll zum Nachdenken und zur Selbstbetrachtung anregen. Alles im Leben hat mindestens zwei Seiten – und was man sieht, hängt davon ab, aus welchem Winkel man in den Spiegel blickt. Die Hund-Mensch-Spiegelung bedeutet im übertragenen Sinne: Unser Hund deckt unsere Baustellen gnadenlos auf, wühlt mit seiner feuchten Nase in unserem verborgenen Müll und demonstriert so durch sein Verhalten oft den wahren Grund für unser Scheitern in der Beziehung zu ihm.

»WUNDERMITTEL« SELBSTREFLEXION

Hunde sind mit ihren bis zu 150 Millionen Riechzellen Wesen mit einem sehr gut ausgeprägten Geruchssinn (Makrosmatiker) und – bei diesem Vergleich muss ich jetzt echt selbst schmunzeln, denn er trifft einfach ins Schwarze – haben für unseren persönlichen Psychomüll einfach ein Näschen. Man könnte natürlich auch einfach sagen: Sie haben extrem feine Antennen, die sie über die Jahrtausende immer noch mehr perfektioniert haben, um mit der rasanten Entwicklung der Menschheit mithalten zu können und um weiterhin unsere Sozialpartner zu sein.

Nachdem sie erst Jagdhelfer und Wächter waren, dann zuverlässige Helfer bei schwerer Arbeit und in Kriegen sogar als Minensuchhunde oder Kuriere zwischen den feindlichen Fronten verheizt wurden, scheinen Hunde heute, im 21. Jahrhundert, tatsächlich an der Spitze ihrer eigenen Evolution angekommen zu sein. Als Familienmitglied mit Kinderrechten werden sie geliebt und umsorgt, geschätzt und begehrt. Mir fällt dazu der Spruch ein: »Hund müsste man sein!«

Wie man in den Wald hineinruft ...

Aber was ist denn jetzt eigentlich der größte Unterschied zwischen Mensch und Hund? Die häufigste Antwort auf diese Frage lautet: Hunde lieben und vertrauen bedingungslos. Ich grüble. Hmmm, ich finde diese Aussage eher gefährlich. Denn genauso wie in einer Beziehung mit einem Menschen muss ich mir Liebe und Vertrauen auch bei meinem Hund verdienen. Beide sind nicht einfach so von Anfang an da, wie die Standheizung oder die elektrischen Fensterheber bei einem Auto. Auch Hunde knüpfen Vertrauen und Liebe rigoros an Bedingungen. Und sie spiegeln die Arroganz bzw. die Unfähigkeit vieler Menschen, Liebe und Vertrauen vermitteln zu können, glasklar zurück. Durch »unmögliches« Benehmen.

Wenn Hunde in den vergangenen 15 000 Jahren etwas gelernt und studiert haben, dann uns Menschen. Niemand kennt uns besser als sie. Ihre Sinne ermöglichen es ihnen, wie mit einem Scanner tief in uns hinein- und durch uns hindurchzusehen. Ihr Instinkt ist so scharf, dass sie uns einfach immer einen Schritt voraus sind. Ständig unterziehen sie uns einem Realitycheck, um zu erspüren, ob unser Handeln und die dazugehörigen Emotionen ihnen gegenüber wirklich echt oder lediglich vorgetäuscht sind. Mit diesen Fähigkeiten haben sie die Möglichkeit, bis tief in unser Unterbewusstsein vorzudringen. Und nur wenn diese beiden Parameter, also Emotionen und Handeln, übereinstimmen, sind wir für sie – Achtung, jetzt kommt das gewichtige Wiewort – authentisch. Sind wir es nicht, halten sie uns durch ihr Verhalten den Spiegel vor. Das macht das Zusammenleben mit ihnen, wie sich im Verlauf des Buches noch zeigen wird, zuweilen äußerst kompliziert.

HUNDE HALTEN UNS MIT IHREM VERHALTEN EINEN SPIEGEL VOR.

Die Frage, was Hunde also wirklich von Menschen unterscheidet, ist, Liebe hin, Vertrauen her, die Bereitschaft, auf unsere Bedürfnisse ehrlich einzugehen und immer wieder einen Schritt auf uns zuzumachen. »Eigentlich müsste es doch spiegelverkehrt sein«, denke ich gerade. »Wir müssen unser Leben mehr an den Bedürfnissen unserer Hunde ausrichten und somit auch besser auf ihre Bedürfnisse eingehen. Rücksicht nehmen auf das, was sie brauchen, um als Individuum glücklich zu sein.« Unsere Hunde zeigen uns so viel, sie spiegeln unsere unterbewussten Bedürfnisse und Wünsche, vielleicht die nach einem zufriedenen und glücklichen Leben im Hier und Jetzt, oder Eigenschaften, die uns verloren gegangen sind. Wenn wir den Blick in den Spiegel wagen, wenn wir tiefer eintauchen in die Bedürfnisse unserer Vierbeiner, wird uns das helfen, auch in schwierigen Zeiten die Beziehung zu verbessern.

EXPERTEN
WISSEN

RITA KAMPMANN
TIERPSYCHOLOGIN UND HUNDETRAINERIN

DIE KOMFORTZONE ZU VERLASSEN BRINGT UNS WEITER

Rita Kampmann ist definitiv eine Leitfigur in der deutschsprachigen Hundetrainerszene. Sie ist seit 18 Jahren Trainerin und Tierpsychologin und Inhaberin einer der größten Hundeschulen Deutschlands. Seit über 13 Jahren bietet sie in ihren Betrieben in München und München-Pasing einjährige praxisbezogene Ausbildungssemester für Trainerinnen und Trainer an. Die Auszubildenden kommen aus dem In- und Ausland, teilweise bis aus Norwegen oder Japan. Die unterschiedlichen Facetten und die Auswirkungen der Spiegelung in der Mensch-Hund-Beziehung habe ich das erste Mal in meiner Trainerausbildung bei ihr kennengelernt und durch meine Arbeit in ihrer Hundeschule tauchte ich dann immer mehr in die Thematik ein. Der tägliche fachliche Austausch mit Rita, ihre Einschätzungen und Fallanalysen haben mich überhaupt erst motiviert, weiter zu diesem spannenden Thema zu recherchieren und am Ende dieses Buch zu schreiben.

Rita Kampmann ist inzwischen einen Schritt weiter gegangen und bietet für ihre Kunden persönliche Coachings an, die sich auf verhaltenstherapeutischer Grundlage der Mensch-Hund-Beziehung und den daraus resultierenden Problemen annehmen. Mit großem Erfolg.

JOCHEN BENDEL: Wie bist du zum ersten Mal mit dem Thema Spiegelung in Kontakt gekommen?
RITA KAMPMANN: Normalerweise ist das Hundetraining mit viel Technik verbunden, um ein bestimmtes Problem zu lösen. Wenn der Hund zum Beispiel eine Leinenaggression zeigt, nimmt man ihn unter anderem auf die schützende Seite und gibt ihm Führung. Irgendwann merkte ich aber, dass die Technik

Rita Kampmann ist, was meine Arbeit mit Hunden angeht, Mentorin und Vorbild – inzwischen verbindet uns darüber hinaus aber auch eine tiefe Freundschaft.

nur bei manchen Menschen funktioniert, bei anderen nicht. Das hat mich gewundert und meiner anschließenden Beobachtung nach liegt das daran, dass einige Menschen die Techniken nur halbherzig durchführten und nicht authentisch vermitteln konnten. So bin ich auf das Konzept der Spiegelung gestoßen.

JB: Liegt es nicht manchmal auch daran, dass man sich nicht konzentrieren oder in seinen Hund hineinversetzen kann?
RK: Das ist auch eine Art der Spiegelung. Der Hund spiegelt mir meine aktuelle Situation: Wenn ich sehr gestresst bin, projiziere ich den Stress auf den Hund und erhalte eine Spiegelung, also Stimmungsübertragung.

JB: Aus der Erfahrung hast du gelernt, dass die Spiegelung ein wechselseitiges, unendliches Phänomen ist. Wieso ist das so und was hat es mit der inneren Einstellung zu tun?
RK: Dazu kann ich ein kurzes Beispiel bringen: Eine Frau, die zwar nett und freundlich, aber leider auch sehr labil ist, hat einen Hund, der an der Leine

aggressiv reagiert. In der Technik würde ich der Frau raten, die Führung zu übernehmen und den Hund vertrauensvoll anzuleiten. Praktisch gesehen hat die Frau aber daraufhin Probleme, die Technik korrekt auszuführen. Sie ist unsicher und nicht überzeugend dem Hund gegenüber. Das zeigt mir, dass die Frau selbst Probleme damit hat, Grenzen zu setzen. Sie wird anderen Hundehaltern gegenüber nicht für sich oder ihren eigenen Hund einstehen, was die Gefahr birgt, die Leinensituation weiterhin eskalieren zu lassen. Manchmal wissen die Leute überhaupt nicht, wie sie eine Grenze setzen sollen, oder vermeiden Konflikte generell.

JB: Wie oft tritt das Konzept der Spiegelung in deiner Praxiserfahrung mit Hunden auf?
RK: Dadurch, dass jeder Hund ausnahmslos jeden Menschen spiegelt, würde ich sagen, dass bestimmt 80 Prozent aller Fälle auf den Menschen zurückzuführen sind.

JB: Den Fehler bei sich selbst zu suchen fällt oft nicht leicht. Das kann in der Seele auch wehtun. Sind denn die Menschen, mit denen du arbeitest, überhaupt bereit, ihre eigene innere Problematik in Verbindung mit dem Training ihres Hundes zu thematisieren?
RK: Das ist nicht immer so leicht und kommt darauf an, wie man damit auf den Kunden zugeht. Die Frau aus dem vorherigen Beispiel würde ich fragen, ob sie nicht vor der Arbeit mit ihrem Hund ein Coaching bei mir in Anspruch nehmen möchte, bei dem wir auf ihr eigenes jeweiliges Thema eingehen, um danach erst wieder den Hund hinzuzunehmen und mit ihm zusammen weiterzuarbeiten. So kann Selbstbewusstsein aufgebaut werden. Man lernt, dass man durchaus auch auf freundliche Art und Weise Grenzen setzen kann, und kann daraufhin seinen Hund auch ganz anders führen.

JB: Als Coach trägst du jetzt eine doppelte Verantwortung: für den Hund und zusätzlich für den Halter als Menschen.
RK: Durch das Coaching verlässt man seine eigene Komfortzone und schafft so die Bedingung dafür zu wachsen. Deshalb ist es auch nichts Schlimmes, sondern in der Regel nur unangenehm. Man muss sich mit seinen Problemen konfrontieren und ist danach meistens dankbar, diese Chance der Selbstreflexion bekommen zu haben. Es gibt aber auch die Situation, dass Menschen sich nicht mit ihren Themen auseinandersetzen wollen. Dann brauchen sie das »Problem bzw. die Verhaltensauffälligkeit des Hundes«. Das ist ein sehr empfindliches Thema.

JB: Findet das Coaching mit dem Hund zusammen statt?
RK: Ich empfehle immer erst eine Einzelstunde mit Hund und danach findet das Coaching ohne Hund statt. Der Hund ist nur der Indikator des eigentlichen Problems.

JB: Was sind anschließend die Phasen des Coachings? Wie ist es aufgebaut?
RK: Ich beschäftige mich seit vielen Jahren mit Psychologie, habe eine Coachingausbildung und bilde mich regelmäßig durch Schulungen und Seminare fort. Für das einzelne Coaching am Menschen gibt es jedoch nie eine sich wiederholende Vorgabe, weil sonst die Gefahr besteht, ein Standardprogramm abzurufen. Dabei ist jedes Coaching anders. Man sitzt sich gegenüber und durch ein ungezwungenes Gespräch kommt irgendwann der Knackpunkt ans Licht. Die Person erzählt plötzlich ganz frei von dem, was sie innerlich beschäftigt. Dabei können beispielsweise auch Rollenspiele helfen, während denen man sich in sein Kindheits-Ich versetzt und so auch langjährige Probleme aufdecken kann. Wenn man sich dieser Probleme bewusst ist, kann man sie auch in Verbindung mit dem Verhalten des eigenen Hundes sehen und gezielt daran arbeiten.

JB: Aber welche Sicherheit gibt es denn dann dafür, dass meine eigenen Erkenntnisse über mich und das, was mich beschäftigt, auch zu einer Lösung des Trainingsproblems mit meinem Hund führen können?
RK: Eine 100-prozentige Sicherheit gibt es nie, aber allein diese Erkenntnis über sich selbst zu bekommen ist eine wichtige Voraussetzung für die Arbeit mit Hunden. Man weiß dann, was der Auslöser für ein gewisses Problem mit dem Hund sein kann, und statt heiklen Situationen – zum Beispiel während der Gassirunde – auszuweichen, setze ich mich mit ihnen und ihren Ursprüngen auseinander und sehe den Hund in seinem Verhalten ganz anders: Er spiegelt mich wider.

JB: Provokant gesagt: Wenn ich mein Problem fixe, dann läuft's auch an der Leine wieder rund!
RK: Na ja, so einfach ist es nicht. Ein bisschen Technik gehört natürlich auch dazu. Es ist wohl eine Kombination aus Technik und Thematik.

EIN BUND FÜRS LEBEN

Unsere Fellnasen sind vollkommen abhängig von uns, wir sind dafür verantwortlich, dass es ihnen rundum gut geht. Nur füttern und mal hinterm Ohr kraulen ist dafür aber nicht genug …

Ich mag Hochzeiten. Ehrlich gesagt freue ich mich jedes Mal, wenn ich eine Einladung erhalte, wie ein kleiner Junge kurz vor der Bescherung am Weihnachtsabend. Die dramatisch schöne Orgelmusik zum Einzug der Braut in ihrem prachtvollen Kleid, die wunderschönen und sorgsam ausgesuchten Outfits der Gäste. Und vor allem das beseelte, glückliche Lächeln von Braut und Bräutigam, wenn sie ihr Ehegelübde abgelegt haben. Und dann hallt dieser eine bedeutungsschwangere Satz in den Raum: »Bis dass der Tod euch scheidet!« Das klingt ernst, sehr ernst. Und was bedeutet dieser Teil des Treueversprechens überhaupt genau? Ist er verhandel- oder interpretierbar? Ich kann gehen, wenn ich keine Lust mehr habe, muss aber zahlen, bis ich tot bin, oder so ähnlich? Für mich klingt dieser Teil der Hochzeitsliturgie nicht mehr zeitgemäß. Zwar wird rein statistisch ein Drittel aller Ehen wieder geschieden – aber von deutschen Familiengerichten und nicht von dem Typ mit der schwarzen Kutte und der Sense in der Hand.

Bei einer Ehezeremonie im 16. Jahrhundert hatte »Bis dass der Tod euch scheidet« durchaus seine Berechtigung. Damals betrug die durchschnittliche Lebenserwartung von Männern 32 Jahre, bei Frauen lag sie bei ungefähr 25 Jahren. Mehr als die Hälfte aller Menschen erreichten nicht mal das Erwachsenenalter. Gründe dafür gab es viele: nur einfachste medizinische Versorgung, mangelnde Hygiene, Kriege und vor allem ansteckende Krankheiten und Seuchen. Rein statistisch gesehen haben Braut und Bräutigam damals also diesen schrecklich traurigen Moment des Abschieds durchlebt, noch bevor sie sich durch Streitereien oder Untreue auseinandergelebt hatten. Davon abgesehen war Scheidung in dieser Zeit sowieso kein Thema. Es war Normalsterblichen einfach nicht offiziell möglich, den einmal geschlossenen Bund der Ehe lösen zu lassen. Wenn eine Braut heute sichergehen will, ihr Versprechen auf jeden Fall einzuhalten, sollte sie mit der Eheschließung besser bis zu ihrem 80. Lebensjahr warten.

Zum Glück sind die finsteren Zeiten des Mittelalters lange vorbei und Paare können sich heute in ihrer Ehe auf wichtigere Dinge konzentrieren als auf die mögliche Gefahr des plötzlichen Versterbens. Sie können stattdessen zum Beispiel an sich arbeiten. Klingt jetzt voll neunmalklug, aber ich spreche aus eigener Erfahrung: Es ist die Wahrheit. Schaffen Paare das nicht, droht die Trennung, und das, obwohl irgendwann einmal alles mit einem Schwarm von Schmetterlingen im Bauch begann.

DER HUND AN UNSERER SEITE

Wenn wir uns einen Hund in unser Leben holen, sind die Chancen, dass er uns überlebt, in der Regel eher gering. Es geht dem Vierbeiner nämlich ein bisschen wie der Braut im Mittelalter: Ihm bleiben im Durchschnitt nur 14 Jahre, um in der Beziehung mit uns sein volles Potenzial zu entfalten.

Warum Hunde im Vergleich zu uns Menschen im Zeitraffertempo altern, ist auf biochemische Prozesse zurückzuführen, die das Zellwachstum des Hundes beeinflussen. Hunde altern nicht wie wir mit konstanter Geschwindigkeit, sondern in Schüben. Eine neuere Studie des Genetikers Trey Ideker und seines Teams von der University of California mit 104 Labrador Retrievern im Alter von ein paar Wochen bis zu 16 Jahren, legt den Beweis nahe, dass ein genetisch etwa sieben Wochen alter Welpe einem neun Monate alten Säugling entspricht. Ist der Junghund ein Jahr alt, wäre er in Menschenjahren schon etwa 30. Mit vier Jahren kann man den Hund bereits mit einem 50-Jährigen vergleichen … Erfreulicherweise verlangsamt sich der rasante Alterungsprozess des Hundes ungefähr ab seinem siebten Lebensjahr.

Wohlgemerkt: Diese Zahlen beziehen sich nur auf die körperliche Reife, nicht auf die geistige. Mal ehrlich, ich musste beim Lesen der Studie erst mal schmunzeln, weil ich mir einjährige pubertierende Rüden vorgestellt und mit einem 30-jährigen Erwachsenen verglichen habe. Die neue »Hundealter-Uhr« lässt sich zudem nicht verallgemeinern, allein schon deshalb nicht, weil sich die durchschnittliche Lebenserwartung von großen und kleinen Hunden deutlich unterscheidet. Größere Hunde kommen später in die Pubertät und haben meist eine kürzere Lebenserwartung, als das bei kleineren Rassen der Fall ist. Fest steht allerdings: Unsere Hunde altern genetisch schneller, doch im Laufe ihres Lebens verlangsamt sich das Entwicklungstempo. Sie bleiben also länger jung, könnte man sagen. Was die die These mit der Anpassungsfähigkeit und Lernbereitschaft im Alter unterstützen würde.

Hilfe, ich bin mit einem Narzissten zusammen!

»Dein Hund ist nur ein Teil deines Lebens, aber für deinen Hund bist du sein ganzes Leben!« In diesem Satz steckt neben viel Wahrheit auch eine gewisse Melancholie. 12, vielleicht 14 Jahre, von unserem Hund vertrauensvoll in unsere Hände gelegt. Ein Leben, das es gemeinsam zu meistern gilt – von dem Moment an, wenn wir einem tapsigen und neugierigen Welpen das erste kleine Geschirr über das seidig weiche Fell ziehen, bis zu dem Tag, an dem wir ihm voller Trauer sein Halsband abnehmen müssen und es an einen Ort legen, wo uns der Blick darauf nicht jeden Tag das Herz zerreißt.

Für unsere Hunde sind wir alles! Sie beobachten uns rund um die Uhr und ziehen ihre Schlüsse daraus.

Sind wir wirklich bereit, in dieser Zeit für unseren Freund und Partner alles zu geben? Unser Unterbewusstsein hat uns zusammengeführt. Es erwarten uns in den meisten Fällen unzählige glücklich und selig machende Momente. Augenblicke, in denen unsere Fellnase uns etwas schenkt, das sich oftmals nicht mit Worten beschreiben lässt. Genauso aber, wie nicht immer die Sonne scheinen kann, gibt es auch Phasen, in denen die Beziehung belastet ist. Wo wir mit der Erziehung überfordert sind oder im Training nicht weiterkommen. Augenblicke, in denen wir dem kleinen Teufel neben uns mit dem Ich-war's-nicht-Blick wutschnaubend und mit hochrotem Kopf am liebsten eine ordentliche Ansage machen würden. Und dann sind da noch die tragischen Fälle, wo Hund und Herrchen sich an dem Punkt ihres Zusammenlebens befinden, an dem sie einfach nicht mehr weiterwissen und womöglich sogar über eine Trennung nachdenken. Abschnitte einer Beziehung, die bei uns Menschen recht ähnlich sind, oder?

Trotzdem dürfen wir nicht vergessen: Unser zotteliger Partner ist in erster Linie ein Hund und kein Mensch. Ein Individuum mit hündischen, rassespezifischen Bedürfnissen und besonderen Fähigkeiten. Er ist eine völlig andere Spezies, als wir es sind. Genau das vergessen wir nämlich leider viel zu oft.

Theoretisch können Hunde, diese Weltmeister in Sachen Anpassung, mit jedem Menschen zusammenleben und vielleicht auch glücklich werden. Leider nehmen viele Zweibeiner bei Problemen aber nur den Hund in die Verantwortung und erwarten, dass er sich, mithilfe von erzieherischen Maßnahmen, schnell ändert, anstatt selbstreflektiert an sich selbst zu arbeiten. Und genau das ist der Fehler im System. Aus Hundesicht könnte man durchaus sagen: »Hilfe, ich bin mit einem Narzissten zusammen!« Denn sind wir mal ehrlich: Wir Menschen neigen schon dazu, recht selbstverliebt davon auszugehen, dass wir als vernunftbegabte Wesen die Krone der Schöpfung repräsentieren und deshalb in der Mensch-Hund-Beziehung von Natur aus schon die idealen Partner sind. Ist das vielleicht der Grund, warum wir bei Problemen oder in Krisensituationen blind sind für die Spiegelungen unserer Vierbeiner? Tatsache ist, dass wir sie häufig einfach nicht wahrnehmen.

Die fünf Phasen der Liebe

Wenn es in der Ehe nicht mehr läuft oder wenn es zu kriseln beginnt, versuchen viele Paare ihr Glück bei einem Paar-, Sexual- oder Familientherapeuten. Die haben menschliche Beziehungen in fünf Phasen des Verliebtseins unterteilt. Ob wir so oder ähnlich auch in der Beziehung zu unserem Hund agieren? Das wäre eine Überraschung.

Phase 1: Die Verliebtheitsphase – Kennenlernen und Begeisterung

Mensch-Mensch-Beziehung: Das Paar schwebt gemeinsam auf rosa Wolken. Obwohl man sich erst ein bisschen kennt, bekommt man vor lauter Schmetterlingen im Bauch kaum Luft. Weil man in dieser Zeit hauptsächlich Dinge unternimmt, die beide toll finden, hat man genügend Zeit, den Partner oder die Partnerin zu idealisieren.

Mensch-Hund-Beziehung: Der Mensch ist sich sicher, seinen Seelenhund oder Traumpartner gefunden zu haben. Denn der Hund hat ihn schließlich oft auch »ausgesucht«. Das kann kein Zufall sein! Der Hund wartet erst einmal vorsichtig ab, beschnuppert und gibt sein Bestes.

Phase 2: Die Verliebtheit schwindet – Wahrnehmung der Unterschiede

Mensch-Mensch-Beziehung: Routine kehrt ein, die Beziehung wird enger und so nimmt man mit der Zeit auch immer mehr Unterschiede wahr. Plötzlich fallen einem am Partner Dinge auf, die man so noch nicht an ihm kannte. Sie waren zwar immer da, aber die rosarote Brille verschleiert eben den Blick. Er schickt der Ex-Schwiegermutter immer noch Blumen zum Geburtstag, übernachtet manchmal bei seinem Kumpel oder schiebt den Zahnarztbesuch immer wieder auf. Die »Das-nervt-mich-an-dir-Strichliste« wird immer länger und was unterm Strich herauskommt, spricht nicht unbedingt für den anderen.

Mensch-Hund-Beziehung: Herrchen ist unsicher und gerne mal genervt, weil Hundchen nicht so will wie er. Beim Hund treten erste Stresssymptome auf, weil der Mensch nicht angemessen auf ihn reagiert, ihn nicht genug auslastet oder beschäftigt. Idealerweise müsste Herrchen schon hier erkennen, dass er an sich arbeiten muss. Ich sag nur: Spiegelung …

Phase 3: Gegensätze werden bekämpft – Machtkämpfe, Trennungsgedanken und Vorwürfe

Mensch-Mensch-Beziehung: »Jeder andere Mensch würde sich aus Liebe ändern, warum hast du es nie versucht?« Keiner von beiden will klein beigeben. Erst hatte sie alles daran gesetzt, ihn rumzukriegen, jetzt setzt sie alles daran, mit etwas Glück, aus einer Raubkatze einen Stubentiger zu machen. Dann lieber die Trennung. Wie heißt es doch: »Glück ist, wenn die Katastrophe eine Pause macht.« Ganz schön zermürbend! Jetzt kann uns nur noch eine Paartherapie helfen.

Mensch-Hund-Beziehung: Hunde mit »Problempartnern« an ihrer Seite reagieren irgendwann verzweifelt heftig. Die Verhaltensauffälligkeiten werden stärker und manifestieren sich. Und auch der Blick auf den Hund nimmt absurde

»NIRGENDWO FÜHLE ICH MICH MEINEN BEIDEN FELLNASEN NÄHER ALS IN DER FREIEN NATUR.«

Züge an: »Immer wenn wir Besuch haben, pinkelt der hier alles voll. Das macht er doch mit Absicht, um mich zu blamieren!« Wut und Verzweiflung machen sich breit. Die Menschen überlegen zuweilen, den Hund abzugeben: »Wenn er sich jetzt nicht ändert, muss er halt weg. Es geht einfach nicht mehr.« Und sie rennen in dieser Phase in die Hundeschule oder zu Trainern.

Phase 4: Aus dem Ich wird ein Wir – Ich weiß, was du brauchst

Mensch-Mensch-Beziehung: Man kann den Kampf aufgeben oder resignieren. Oder an sich arbeiten. Krisen gehören zum Leben dazu, sie gemeinsam meistern zu können ist eigentlich das größte Geschenk einer Partnerschaft. Sich zusammen weiterentwickeln zu können, mithilfe des Partners. In dieser Phase geht es darum, in der Therapie Gelerntes anzuwenden und zu verfestigen. Mehr zu vertrauen und dem anderen deshalb auch Freiheiten in der Beziehung zuzugestehen. Neue Perspektiven bieten sich an.

Mensch-Hund-Beziehung: Der Mensch weiß jetzt, wie seine Fellnase tickt. Er hat gelernt, richtig zu kommunizieren, die Sprache des Hundes zu sprechen und sie zu verstehen. Die Kämpfe in der Beziehung sind vorbei und die neue Energie und Sicherheit setzt man für die eigene Persönlichkeitsentwicklung ein. Dafür muss Herrchen aber das mit der Spiegelung kapieren …

Phase 5: Du bist mein Zuhause – Die wahre Liebe

Mensch-Mensch-Beziehung: Man hat alle Höhen und Tiefen mit dem Partner durchgemacht, das schenkt Vertrauen und Sicherheit. Jetzt kennt man sich in- und auswendig. Man akzeptiert, dass der andere sich nicht einfach so ändern kann, solange man selbst nicht bereit ist, sich zu ändern. Wenn man nicht mehr an dem Partner herumdoktert, dass er sich doch bitte so verhalten möge, wie es dem persönlichen Beziehungsschema entspricht, kann man in Ruhe und Liebe sein eigenes System anschauen: »Warum ist mir das wichtig? Geht es wirklich um dieses eine Thema oder warum triggert mich das so?« Diese Offenheit und emotionale Sicherheit macht es möglich, jede Krise zu überwinden und sie gemeinsam als Paar in Angriff zu nehmen.

Mensch-Hund- Beziehung: Gemeinsam diese schwierige Phase anzugehen und die Erkenntnis, die Schuld nicht nur beim Hund zu suchen, war manchmal schmerzhaft. Doch dieser Schmerz hat es dem Menschen erst möglich gemacht, sich in seinen Hund zu versetzen – und auch tief in sich selbst hineinzufühlen. Ohne seine Fellnase wäre das vielleicht nie geschehen. Jeder konnte vom anderen etwas lernen und dadurch wachsen und sich weiterentwickeln. Das Wunder der Bindung beginnt zu wirken.

Verblüffend, wie sich die Beziehungsphasen gleichen. Es ist also egal, ob mein Partner, meine Partnerin auf zwei Beinen oder vier Pfoten mit mir durchs Leben geht. Bei Problemen und Krisen zu glauben, dass nur der andere sich ändern muss, ist eine Einbahnstraße. Paartherapeuten raten häufig, an sich selbst zu arbeiten und alte (Denk-)Muster und Verhaltensweisen zu überprüfen. Ansonsten ziehen wir unseren Partner immer weiter in unsere persönlichen Baustellen hinein. Insofern unterscheiden sich Mensch-Mensch- und Mensch-Hund-Beziehungen gar nicht so sehr voneinander. Vielleicht mit dem kleinen Unterschied, dass es sehr schwer ist, einen Menschen zu finden, der so viel Ehrlichkeit, Authentizität und Feingefühl besitzt wie ein Hund.

ICH BLEIBE MIR TREU

Warum wir in Sachen Liebe zielsicher immer wieder ins Fettnäpfchen treten, hat die psychologische Forschung schon vor einiger Zeit geklärt. Frühkindliche Bindungserfahrungen prägen unser Gespür dafür, welche Menschen uns guttun und welche weniger. Heißt: Ja, der ständig coole Easy-Rider-Typ mit der verspiegelten Sonnenbrille, auf den wir uns immer wieder einlassen, ist geheimnisvoll und sexy. Er signalisiert aber auch klar und deutlich: Ich bin unabhängig und suche nichts Festes. Wir checken es nur einfach nicht – weil wir es nicht können.

Was ist aber mit dem Phänotyp, also mit dem Aussehen, der Optik? Warum haben Männer und Frauen im Leben oft ein Beuteschema, von dem sie in den seltensten Fällen abweichen? Fußballlegende Lothar Matthäus zum Beispiel. Alle Ehefrauen groß, schlank und langes dunkles Haar. Oder Jennifer Lopez: Die Männer an ihrer Seite gleichen sich optisch bis in die Haarspitzen: David Cruz, Alex Rodriguez, Cris Judd, Marc Anthony, Ben Affleck – alle sind sie der Typ muskulöser, dunkelhaariger, glatt rasierter Latin Lover. Grund ist ein individuelles optisches Suchmuster, durch unser Unterbewusstsein mit den unterschiedlichsten positiven Erfahrungen aus unserer Vergangenheit gefüttert. Was uns bei der Partnerwahl ein Gefühl der Sicherheit vorgaukelt, schränkt uns aber in Wirklichkeit ein. Forscher wissen: Wer zum Beispiel immer auf langhaarige schlanke Typen steht, sortiert alles, was davon abweicht, gnadenlos aus und gibt ihm somit überhaupt keine Chance. Selbst wenn der oder die andere viel besser als Partner fürs Leben passen würde.

SOLANGE WIR BEI PROBLEMEN DIE SCHULD IMMER NUR BEIM ANDEREN SUCHEN, TRETEN WIR AUF DER STELLE UND KOMMEN NICHT WEITER. ERST DIE INNENSCHAU BRINGT VERÄNDERUNG.

Vom Suchen und Finden

Erzählen mir Menschen, wie sie ihren Hund kennengelernt, wie sie ihn das erste Mal getroffen haben, merke ich, dass sie die Situation häufig als einen ganz magischen Moment empfanden. Und ja, ich kann das gut verstehen, ich hab's selbst schon durchgemacht. Der Druck ist kaum noch auszuhalten. Denn in den allermeisten Fällen hat uns der Wunsch nach einem Partner auf vier Pfoten bereits über eine lange Zeit beschäftigt und wir sind Für und Wider so oft durchgegangen. Telefonate mit Züchtern, dem Tierheim oder Pflegestellen wurden geführt und die Aufregung bis zum ersten Date stieg ins Unermessliche. Was würde uns dort erwarten, wie würde es sein, wäre es Liebe auf den ersten Blick?

Ist die Wahl für einen Partner auf Lebenszeit dann entschieden, fällt gerne der Satz: »Mein Hund hat sich mich ausgesucht, er hat den ersten Schritt auf mich zugemacht und mir gezeigt, dass wir für immer zusammengehören.« (So ähnlich wie es damals bei Matthias und mir mit dem Haus war.) Ich stelle mir gerade vor, wie ich mit meinem guten Freund Paul bei ein paar Drinks in einer angenehm dunkel beleuchteten Bar sitze. Um uns herum entspannte Leute, leises Gemurmel und aus den Lautsprecherboxen tröpfelt so süß wie mein Mai Thai »Playground Love« von Air. Paul erzählt mir von seinem ersten Date mit einer Internetbekanntschaft und haut dann diesen Satz raus: »Sie hat mich ausgesucht, sie hat mir die Hand gegeben und mir dadurch gezeigt, dass wir für immer zusammengehören.« Wer würde da nicht die Augen verdrehen, sprachlos den Kopf schütteln und noch einen Drink ordern? Dieses Verhalten ist irrational – aber ist das nicht häufig so, wenn Gefühle im Spiel sind?

In den allerseltensten Fällen suchen Hunde sich uns bei einer ersten Begegnung aus, wählen uns als ihren Partner. Warum interpretieren wir diese romantische Vorstellung in einen einzigen Moment? Weil sich wie bei einem Ventil, durch das die angestaute Luft eines Ballons entweicht, unsere Anspannung, Erwartungen und Unsicherheiten lösen. In Wahrheit ist das Verhalten von Hunden, ob Welpen oder erwachsenes Tier, von so vielen Faktoren abhängig, dass selbst erfahrene Profis sehr viele Hintergrundfakten benötigen und sehr genau hinsehen müssen, um daraus seriöse Rückschlüsse ziehen zu können. Denn wenn aus einem Rudel ein junger Hund auf uns zugerannt kommt, bedeutet das nichts, außer dass er vielleicht der selbstsicherste und neugierigste in der Runde ist. Es heißt keinesfalls, dass er gleich bei uns einziehen will. Trotzdem fällt die Wahl so allzu oft auf den süßen, zotteligen rumänischen Herdenschutzwelpen und nicht auf den trauernden dreijährigen Dackel der eben verstorbenen Oma.

Drei, die sich aufeinander eingelassen und dadurch fürs Leben gefunden haben.

Ist das jetzt so ähnlich wie mit dem Easy-Rider-Typen und seiner verspiegelten Sonnenbrille? Eigentlich sagt der Verstand: »Nee, geht gar nicht.« Aber das wird einfach ignoriert. Folgen Menschen bei der Auswahl ihrer Fellnase also auch einem Beuteschema oder Suchmuster wie bei einer menschlichen Beziehung? Ganz so einfach ist es nicht. Es ist sogar noch viel komplizierter.

Ich habe dazu noch einmal Rita Kampmann befragt, die mich zum Hundetrainer ausgebildet hat, was ihrer Meinung nach der Auslöser ist, dass wir uns für diesen einen bestimmten Hund entscheiden. Sie meinte, dass da etwas getriggert wird, was man nicht wirklich erklären kann. Das Leben bedeutet, als Mensch zu wachsen. Man strebt danach, sich zu entwickeln und zu verändern. Wenn man sich einen Hund anschafft, kann etwas Verborgenes im eigenen Inneren getriggert werden, das Entwicklungspotenzial hat. Der Hund spiegelt unsere Stärken und Schwächen, mit denen wir aber zunächst gar nicht konfrontiert werden möchten. Wir haben uns ein unkompliziertes Leben geschaffen: unsere Komfortzone, in der das Leben stagniert und in der es für uns auch bequem ist. Wachstum kann aber nur außerhalb der Komfortzone entstehen. Wir müssen bereit sein, die eigenen inneren Thematiken, die unser Hund uns spiegelt, zu sehen und uns aus der Komfortzone herauszubewegen. Die

Erkenntnis der eigenen Spiegelung im Hund kann eine riesige Chance sein. Dabei kann es helfen, sich anzusehen, welchen Hund man für sein Leben ausgesucht hat und was dieser an Charaktermerkmalen und Genetik mitbringt.

Erahnt man dann bei Hütehunden, Jagdhunden oder Herdenschutzhunden beispielsweise schon ein gesamtes Lebensmodell, das man durch die Anschaffung des Tieres versucht auszuleben? Ja, meint Rita, aber die Frage ist: Passt der Hund in unser Lebensmodell oder möchten wir viel eher in das Lebensmodell des Hundes passen? Bei Hunden aus dem Tierheim, über die nicht viel bekannt ist, sind es wahrscheinlich andere Punkte, die die Menschen triggern und zur Anschaffung bewegen, als bei Rassehunden.

Aber so oder so: Rita vermutet, dass es tief in uns drin etwas gibt, was wir nicht bewusst, sondern unbewusst wissen. Vielleicht gibt es eine Verbindung in uns, die uns unterbewusst sagt, dass ein Hund aufgrund seines jeweiligen Aussehens auch gewisse Charaktereigenschaften mitbringt. Ein Hund kann ein Punkt außerhalb der Komfortzone sein, der uns dazu bringt, aus dem Schatten zu treten und schließlich zu wachsen. Das Wachstum ist die Anstrengung und den Stress immer wert.

Nach diesen Gedanken von Rita dachte ich sofort wieder an die »Fünf Phasen der Verliebtheit« (siehe Seite 26 ff.): In der ersten Phase lernen Hund und Mensch sich kennen. Innerhalb der Komfortzone ist man begeistert und meint, den perfekten Hund gefunden zu haben. Das läuft teilweise eben auch unbewusst ab. Die zweite Phase ist das Aufeinandertreffen von unterschiedlichen Wahrnehmungen. Der Mensch ist anfangs schnell genervt vom Verhalten des Hundes, während bei diesem die ersten Stresssymptome auftreten. Idealerweise fällt dem Menschen in dieser Phase jetzt auf, dass er sein eigenes Verhalten korrigieren muss. Ab der dritten Phase kommt es zu Machtkämpfen. Der Hund soll sich am besten dem Leben des Menschen vollkommen anpassen, das führt zu Spannungen. In der vierten Phase lernt man sich immer besser kennen und beide wissen irgendwann, wie der andere tickt.

HUNDE GEBEN UNS DIE RIESENCHANCE, UNS ENDLICH MIT UNSEREN INNEREN THEMEN AUSEINANDERZUSETZEN.

Der Hund hat uns in verschiedenen Situationen genau beobachtet – und umgekehrt. Es gibt weniger Machtkämpfe und man wendet die übrige Energie eher für die Persönlichkeitsentwicklung auf. Für diese muss der Mensch aber das Konzept der Spiegelung verstehen und damit arbeiten, um die fünfte Phase zu erreichen, in der der Hund das Zuhause ist und der Mensch das Zuhause für den Hund.

EXPERTEN
WISSEN

IRIS SCHÖBERL
VERHALTENSBIOLOGIN UND HUNDEVERHALTENSBERATERIN

WIR HABEN VIEL GEMEINSAM

Eine spannende These zu haben ist zwar eine schöne Sache, ohne wissenschaftliche Backgroundrecherche ist sie jedoch wenig wert. Forschung und Wissenschaft sind wichtig, weil sie auf Fakten, Daten und Experimenten beruhen, die klares Wissen schaffen. Wissenschaft eben. Keine Behauptungen, sondern empirisch validierte Ergebnisse. Für »Das Geheimnis der Spiegelung« war es deshalb notwendig, Wissenschaftler und Fachleute zu Rate zu ziehen. Tierpsychologen, Trainer, Biologen und Forscher. Eine von ihnen ist Iris Schöberl. Die Verhaltensbiologin hat ihre Doktorarbeit an der Universität Wien abgeschlossen und ist Trägerin des »Erhard-Olbrich-Preises« für herausragende wissenschaftliche Leistung in der Forschung zur Mensch-Tier-Beziehung. Im Zentrum ihrer wissenschaftlichen Arbeit stehen die Themen Stressmanagement und Bindung. In der Praxis arbeitet sie seit über 16 Jahren als selbstständige Hundeverhaltensberaterin/-verhaltenstrainerin, aber auch als Systemischer Coach und Diplom-Lebens- und Sozialberaterin.

Ich kenne Iris Schöberl seit einigen Jahren durch ihre Seminare, die von Hundebesitzern und Profis sehr geschätzt sind. In der Vorbereitungsphase zu diesem Buch habe ich mich mit ihr getroffen, um mehr Klarheit in dieser Thematik zu bekommen. Sind meine Gedanken und persönlichen Erfahrungen allesamt nur Vermutungen oder Interpretation, so eine Art esoterisches Geschwurbel? Oder lässt sich die Mensch-Hund-Spiegelungstheorie auch wissenschaftlich belegen und erklären? Was sagt die Forschung und welche Erfahrungen haben Kollegen aus dem wissenschaftlichen Bereich dazu gemacht?

JOCHEN BENDEL: Was ich bisher gelesen habe: Da, wo ich der Einfachheit halber nur den Begriff »Spiegelung« verwende, gibt es wissenschaftlich feine Unterschiede. Genau genommen geht es nämlich um Stimmungsübertragung und Projektion. Bleiben wir erst mal bei der: Was genau ist Projektion?

Wenn mich ein Thema interessiert, bin ich immer auch neugierig, was die wissenschaftliche Forschung dazu sagt. Irgendwas behaupten kann schließlich jeder.

IRIS SCHÖBERL: Zum Beispiel wenn Eltern in ihren Kindern ihre ureigenen Wünsche verfolgen. Der Vater wäre eigentlich gerne Profisportler geworden, das hat aber nicht geklappt und deshalb wird dieser Wunsch jetzt beim Sohn weiterverfolgt. Oder ein anderes Beispiel: Die Mutter ist sehr musikalisch und die Tochter soll Pianistin werden. Das machen wir mit unseren Hunden ganz ähnlich. Wir projizieren Anteile unseres Denkens, unserer Wünsche und Vorstellungen auf den Hund. Das kann etwas sein, das ich an mir mag, aber auch etwas, das ich an mir selbst nicht mag. In der Psychologie spricht man von einer »Verwirrung in der Person«.

JB: Projektionen vom Mensch auf den Hund sind also sehr häufig?
IS: Ja, wie gesagt kommt das alles aus dem Unterbewusstsein. Mir ist das mit meiner ersten Hündin Kaja selbst so ergangen. Ich wollte eigentlich immer tiergestützt mit ihr als Therapiehund arbeiten. Da geht es um schwierige Themen und es sind viele Emotionen im Spiel. Nach 18 Monaten hatte ich die Ausbildung mit ihr abgeschlossen, sie allerdings war noch nicht so weit. Damals habe ich mir die Frage gestellt: Tue ich das für mich oder für den Hund?

Und wenn ich jetzt die Kaja fragen würde: »Willst du das unbedingt machen?«, was wäre ihre Antwort? Sie hätte Nein gesagt. Sie war froh, wenn sie ihre Ruhe hatte, und war viel zu schnell überfordert. Ich habe mir dann eingestehen müssen, dass die Arbeit mit einem Therapiehund eigentlich mein alleiniger Wunsch war, und habe ihn deshalb ad acta gelegt.

JB: Und wie unterscheidet sich nun die Spiegelung von der Projektion?
IS: Spiegelung ist etwas, das aus der Psychologie kommt und zum Feld der Stimmungsübertragung gehört. Wissenschaftlich sprechen wir eigentlich immer über die Stimmungsübertragung. Sie ist für soziale Lebewesen sehr wichtig. Wir lernen über sie, was gefährlich ist und was nicht. Was eklig ist oder giftig und was nicht. Wen ich mag, wen nicht, was toll ist und was nicht. Die Stimmungsübertragung ist ein ganz wichtiger Faktor für die Entwicklung von Empathie, die Fähigkeit, sich in andere hineinfühlen zu können. In dem Moment, wo soziale Lebewesen anfangen, sozial miteinander zu interagieren, beginnen diese Mechanismen wie ein Programm automatisch abzulaufen. Ich lerne durch mein Gegenüber, wie die Welt funktioniert, was gefährlich ist, wovor ich Angst haben muss. Im Prinzip wie eine Simulation dessen, was ich beobachtet habe, in meinem eigenen Gehirn. So kann ich es nachempfinden und daraus lernen. Stimmungsübertragung und deren Auswirkungen auf mich laufen also ständig im Hintergrund ab.

JB: Ist das nur bei uns Menschen so oder auch bei Hunden?
IS: Hunde lernen auf diese Weise sehr schnell von ihren Menschen. Und da liegt auch das Problem im Zusammenleben. Ängste, Unsicherheiten oder Phobien muss er nicht selbst erfahren haben, es reicht, wenn er mitbekommt: »Hey, da kommt ein anderer Hund und Frauchen hält die Luft an und ist verspannt!« Das sind ganz klare Signale für Angst. Angst können wir in unserem Gesicht nicht verstecken und deshalb lernt der Hund sofort: »Andere Hunde sind doof, da muss ich aufpassen.« Stimmungsübertragung bedeutet also, Emotionen oder auch Handlungen zu übernehmen. Das funktioniert auch umgedreht, wie viele Hundehalter wissen: Der Hund wird immer schneller und der Mensch wird auch immer schneller. Das ist ebenfalls ganz simple Stimmungsübertragung. Stimmungsübertragung beschreibt, was in mir vorgeht. Dass ich die Stimmung übernehme, dass ich spüre, was da passiert, dass ich mich angleiche an das Gegenüber – in meinem Verhalten und in meiner Stimmung.

JB: Und die Spiegelung beschreibt dann die Handlung dazu?
IS: Genau, die Stimmungsübertragung ist die Basis. Sie funktioniert über die Spiegelneuronen im Gehirn, die bei mir genauso anfeuern wie bei meinem

Gegenüber, das die Handlung setzt. Wenn mein Gegenüber in einer bestimmten Situation Angst hat und vor etwas erschrickt, ist mein Gehirnareal für Angst und sehr wichtige Emotionen ebenfalls aktiv. Das heißt: Auch wenn ich selbst nur beobachte, dass sich jemand fürchtet, und mir selbst gar nichts passiert, feuern in meinem Gehirnareal für Angst die Spiegelneuronen und ich kann nachempfinden, wie es meinem Gegenüber geht. Ich lerne aber auch, dass das, was mein Gegenüber erlebt, gefährlich ist. Das ist Neurophysiologie. So funktioniert Stimmungsübertragung. Die Spiegelung ist dann die entsprechende Handlung – etwa wenn das Gegenüber lacht und ich ebenfalls anfange zu lachen. Wenn sich zwei Menschen kennenlernen und immer mehr mögen, eine Freundschaft oder eine Partnerschaft entsteht, merkt man, dass sich beide in Handlungen, Körperhaltung, Gesten oder sogar der Stimmlage immer mehr angleichen. Das geschieht höchst unbewusst. Die Forschung sagt: Wenn sich jemand mag, gleicht man sich aneinander an. Und je mehr ich jemanden mag, umso intensiver geschieht das. Genauso gut kann man durch bewusste Spiegelung der Handlungen beim Gegenüber eine gute Stimmung schaffen, in Beziehung gehen und einen guten Kontakt herstellen. Das machen Eltern bewusst und unbewusst schon mit ihren Babys oder Kleinkindern. Wenn das Baby lacht oder die Augen aufreißt, imitieren die Eltern dieses Verhalten. Das ist auch Stimmungsübertragung und die Handlungsangleichung ist, dass sie das Verhalten nachmachen. Das geschieht auch hoch unbewusst.

JB: Welche Auswirkungen haben Spiegelung und Stimmungsübertragung auf die Mensch-Hund-Beziehung?

IS: Das kann in zwei Hauptrichtungen gehen. Beispiel: Entspannter Halter, entspannter Hund. Gestresster Halter, gestresster Hund. Oder auch umgekehrt: Gestresster Hund, gestresster Halter. Wenn der Hund zum Beispiel an der Leine einen anderen Hund anknurrt, beginnt auch der Halter häufig zu pöbeln, indem er seinen Hund gereizt und vielleicht sogar laut schimpfend zurechtweist. Das wäre jetzt eine Stimmungsübertragung vom Hund auf den Menschen. Es ist allerdings meistens so, dass wir Hundehalter die Führsorgerolle innehaben und sich der Hund eher an uns orientiert und unsere Stimmung übernimmt als umgekehrt. Natürlich: Wenn der Hund krank ist und Schmerzen hat, wird der Mensch tendenziell mitleiden, das macht auch was mit ihm. Oder wenn der Hund eine unruhige Phase hat und nervös ist, weil er pubertiert und viel winselt, dann wird auch sein Halter genervter oder fahrig sein. Auch das ist Stimmungsübertragung. Aber in der Form der Beziehung, wo wir die Fürsorgerolle innehaben, wird die Gewichtung eher umgekehrt sein. Der Hund orientiert sich dann an uns und übernimmt entsprechend unsere Stimmungen und Charakterzüge.

JB: Nehmen wir doch mal ein Beispiel. Was passiert beispielsweise, wenn ich ein eher hektischer Typ bin, generell gestresster, schnell genervt und eigentlich nie zur Ruhe komme?
IS: Ich therapierte vor Kurzem eine Hundehalterin, die ist Fitnesstrainerin. Superaktiv, ständig am Herumhetzen, immer auf dem Sprung von Termin zu Termin. Die Frau war ständig auf Achse und nahm ihren Hund überall mit hin: zum Joggen, ins Fitnessstudio, ins Restaurant ... Hierhin und dahin. Im Homeoffice während der Pandemie gab es dann die ersten Probleme. Der Hund kam plötzlich zu Hause nicht mehr zur Ruhe, lief seinem Frauchen ständig nach, schlief viel zu wenig, zeigte draußen gegenüber anderen Hunden erste Anzeichen von Aggression und verhielt sich unsicher. Spiegelungstechnisch lag das Problem auf der Hand: Der Hund kam nicht zur Ruhe, weil sein Frauchen nicht zur Ruhe kam.

JB: Ich ahne es: So hektisch, wie das Leben für den Hund außerhalb seines Zuhauses war, weil er sich immer dem Tempo und Rhythmus seines Frauchens anpassen musste, war es plötzlich auch innerhalb der eigenen vier Wände. Deshalb schaffte er es irgendwann auch nicht mehr, zu Hause zu entspannen und runterzufahren. Es hatte nichts mit der Umgebung zu tun, in der er sich befand, sondern mit der Person, mit der er zusammen war.
IS: Meine Intervention war nicht vorherrschend das Hundetraining. Stattdessen stellte ich der Frau die Aufgabe, sich, bevor ihr Arbeitsalltag begann, zu überlegen, was sie für die nächsten drei, vier Stunden alles bräuchte, und bat sie, diese Sachen herzurichten, damit sie nicht mehr laufend aufstehen müsste. Es ging schlichtweg darum, den Alltag zu strukturieren, um mehr Klarheit und Ausgewogenheit. Das ermöglichte dem Hund, während sein Frauchen zu Hause Arbeiten verrichtete oder auch nur am Schreibtisch saß, zur Ruhe zu kommen. Das ist übrigens auch ein häufiges Problem bei Bürohunden, die wegen der hektischen Stimmung der Menschen am Arbeitsplatz, den ständigen Störungen im Büro und der stressigen Arbeitssituation nicht zur Ruhe kommen. Sie stehen quasi unter Dauerspannung und fangen an, jeden, der das Büro betritt, zu verbellen oder anzuspringen. Der Hund spürt den inneren Druck und die angespannte Arbeitssituation seines Menschen und kommt deshalb auch nicht zur Ruhe.

JB: Der Frau fehlte also die Fähigkeit, ihren Alltag zu strukturieren, und erst als ihr Hund ernste Verhaltensauffälligkeiten zeigte, wurde sie auf ihr eigenes Problem aufmerksam?
IS: Ja, das stimmt. Das ist ein Teil meiner Arbeit. Deshalb kommen die Menschen mit ihren Hunden zu mir. Es ist ein psychologisches Phänomen.

JB: Können Hunde durch ihr Verhalten also unsere ganz persönlichen Stärken und Schwächen aufdecken?
IS: Auf jeden Fall (lacht). Aber sicher nicht in jedem Fall. Das gilt übrigens für alle Hunde. Wenn ich zum Beispiel einen Hund aus dem Tierschutz übernehme, der sehr ängstlich ist, und meine Stärke ist Ruhe und Gelassenheit, wird sich der Hund viel schneller entspannen können, als wenn ich ein eher hektischer Typ bin und multitaskingfähig. Nicht falsch verstehen: Multitasking ist eine schöne Stärke, bringt so einem Hund aber erst mal wenig, denn er braucht eher das Gegenteil, nämlich Monotasking. Nur eine Sache: Gerade bei Tierschutzhunden ist es wichtig, am Anfang Ruhe und Sicherheit zu vermitteln. Habe ich dagegen einen supermotivierten, aktiven Border Collie, der nicht neurotisch, sondern gut ausgeglichen ist, und ich bin eher multitasking, aktiv und sportlich, dann ist das super. Dann kann ich den Hund fördern und fordern. Bin ich eher monotasking – nach dem Motto: Weniger ist mehr –, habe gern meine Ruhe und bin nicht sportlich, dann werde ich mit diesem Border Collie unglücklich werden – weil er unglücklich sein wird. Es ist also wesentlich, wie sich die Stimmungen und die Stärken treffen. Es muss passen.

JB: Wir müssten uns also erst mal selbst analysieren, ehe wir uns für einen Hund entscheiden?
IS: Im Idealfall ja. Wir suchen uns unsere Hunde unbewusst aus und folgen damit irgendwelchen Wünschen. Würde jemand zum Beispiel gerne mehr Sport machen, tendiert er zu einem sportlichen Hund, obwohl er selbst eigentlich ein fauler Hund ist (lacht). Das wäre keine gute Passung, denn es bedeutet, dass ein Hund und ein Mensch zusammenkommen, die in ihrer Persönlichkeit und ihrem Aktivitätslevel überhaupt nicht harmonieren. Das führt unweigerlich zu Konflikten. Oder ich bin ein unsicherer, ängstlicher Typ und nehme mir deshalb einen Hund, der mich beschützt und bewacht. Ich hatte eine Kundin, die ein Trauma noch nicht verarbeitet hatte, in Therapie steckte und noch sehr ängstlich und unsicher war. Sie hat sich genau aus diesem Grund einen jungen Ridgeback-Rüden geholt, mit der Motivation, dass der Hund sie bewachen und sich dazwischenstellen soll, wenn jemand sie bedroht. An sich ist der Ridgeback für das ganz gut. Der kann gut sagen: »Stopp, du darfst nicht an mein Frauchen ran.« Das kann er aber nur gut, wenn er auch gut geführt wird. Und da sehen wir schon die Krux an der Sache. Das kann nicht gut gehen. Denn der junge Hund wurde selbst unsicher und hat dann völlig unangemessen reagiert. Der Ridgeback ist eine hochsensible Rasse, aber er geht, wenn er unsicher und ängstlich ist, nicht weg, sondern nach vorne und stellt. Das ist bei einem 50-Kilo-Rüden nicht lustig. Dieser Hund ist also in die Aggression gegangen und hat sein Frauchen bewacht, aber in voll-

kommen unangemessenen Situationen, wo es nicht notwendig war. Und das war der Punkt, wo ich ins Spiel kam. Die Frau wollte einen selbstbewussten Wachhund, hatte aber einen jungen Rüden, der sie zwar bewacht hat, aber das nur tat, weil er selbst Angst hatte. Weil sie ihm keine Sicherheit gegeben hat. Die Spiegelung war eindeutig: Die Frau hat aufgrund ihrer eigenen instabilen psychischen Verfassung einen völlig instabilen unsicheren Hund bekommen. Und das ist bei manchen Rassen, besonders den Wachhunden, sehr gefährlich. Sie brauchen Klarheit, in der Führung – und auch was die Sicherheit angeht, dass ich die Entscheidungen treffe.

JB: Und wie habt ihr das Problem gelöst?
IS: Neben klassischem Training mit dem Hund hat sich besonders durch die Arbeit an der inneren Haltung der Frau wirklich etwas verändert. Da geht es um Fragen wie: Was erwarte ich von meinem Hund, was soll mein Hund können, wo braucht er Sicherheit, kann ich ihm die geben? Da geht es dann viel um Alltagsmanagement, eigenes Stressmanagement, die Frau hat 80 Stunden die Woche gearbeitet. Am Ende hat sie den Hund weniger in die Arbeit mitgenommen, hat die Arbeit reduziert, hat an ihrem Alltag viel verändert und Stressoren entfernt … Allein dadurch hat sich die Situation schon wesentlich entspannt. Parallel dazu hat sie durch eine Traumatherapie an ihrem Grundproblem gearbeitet. Mir ging es darum, dass sie lernt, ihren Hund wahrzunehmen. Denn wenn ich mich selbst nicht spüre, in der Ohnmacht bin, dann kann ich auch meinen Hund nicht spüren.

JB: Gibt es noch ein anderes Beispiel, wie man durch Spiegelung über den Hund auch etwas über sich selbst lernen kann?
IS: Eine Frau, die an einer Angststörung litt, kam mit ihrem Hund zu mir, weil der auch extrem unsicher war. Immer wenn sich die Ängste bei der Frau verschlimmerten, wurde auch der Hund extrem unsicher – und umgekehrt. Die beiden haben sich auf eine nicht förderliche Art in ihrem Verhalten, ihrer Angst, extrem gespiegelt und sich regelrecht angetriggert, anstatt sich zu unterstützen. Ich habe mit ihr nicht an ihren Ängsten gearbeitet, das war Teil der Psychotherapie, ich habe mit ihr an der Frage gearbeitet: Was bedeutet für ihren Hund Angst, was ist der Unterschied zwischen Angst, Unsicherheit und Panik? Was braucht der Hund im Alltag, damit er besser zur Ruhe kommen kann? Wie funktioniert klares Stressmanagement? Wie gebe ich ihm Sicherheit? Wir haben das alles nur für den Hund herausgearbeitet. Ich bringe aber generell oft den Satz ein: »Und bei uns Menschen ist das aber im Prinzip das Gleiche!« Das reicht vollkommen aus, damit der Mensch das für sich mitnehmen kann. Ziel war, dass die Frau erkennt, wie und wann sie ihrem Hund Si-

cherheit geben kann, dass sie die Grenzen erkennt und merkt, wann der Hund kippt – und zwar am besten schon vorher. Das Schönste war, dass sie am Ende meinte, der Hund sei nun für sie keine Belastung mehr. Sie erkennt jetzt über ihren Hund: Wenn bei ihm die Stimmung zu kippen beginnt, muss sie bei sich selbst hinsehen, weil dann bei ihr gerade auch wieder etwas schlechter wird. Am Ende der Zusammenarbeit konnte sie also die Spiegelung/Stimmungsübertragung nutzen, um rechtzeitig die Ursachen ihrer eigenen Ängste zu erkennen – und darauf zu reagieren. Über die Arbeit mit ihrem Hund hat sie es geschafft, ihm Sicherheit zu geben und dabei selbst sicherer zu werden.

JB: Wer sich selbst richtig einschätzt, kann sich das Training mit dem Hund also fast sparen?
Bei dieser Art von Hundetraining, die ganz stark über die Spiegelung läuft, befinde ich mich schon sehr in der psychologischen Beratung, deshalb war mir wichtig, die Profession für beide Bereiche zu haben: Psychologie und Hundetraining. Ich betreue nicht nur Fälle, bei denen es um Angst oder Aggression geht, sondern unterrichte auch ganz normale Grundlagen der Hundeerziehung. Trotzdem baue ich viele einfache Trainingseinheiten, wie entspannt an der Leine gehen, langsam oder schneller gehen, stehen bleiben oder Stopp, sehr gern an der Stimmungsübertragung auf, weil es wunderbar funktioniert und die Hundebesitzer auch lernen, ein Stück weit sich selbst zu regulieren: Wie geht es mir, wie bin ich gerade drauf, wie ist mein Spannungslevel, wie meine Atmung, was will ich eigentlich von meinem Hund? Wenn ich möchte, dass er sich entspannt und beruhigt, dann ist es vor allem wichtig, dass meine Atmung ruhig ist, dass meine Spannung runtergeht. Das ist wie mit einem kleinen Kind, das nicht einschlafen kann, weil die Eltern gerade selbst unter Strom stehen, unruhig sind und Stress haben. Das Baby spürt die Unruhe, die Ängste der Eltern und übernimmt die Spannung. Das hindert es einzuschlafen. Genauso geht es unseren Hunden. Damit es ihnen gut geht, muss es uns selbst gut gehen.

JB: Wie kann es überhaupt sein, dass der Hund der beste Freund des Menschen und trotzdem unglücklich ist?
IS: Die Basis dieser Spiegelungs- bzw. Stimmungsübertragungsprobleme ist eine fehlende Passung. Persönlichkeit und Aktivitätslevel harmonieren also nicht miteinander. Das führt zu Frust und Unsicherheit und genau das ist dann die Spiegelung. Das ist wie beim Pingpong, wo man sich den Ball ständig zuspielt. Oft sind wir Menschen einfacher gestrickt, als wir glauben. Kindchenschema, weiches Fell, kuscheln können: Das hat einen sehr starken Einfluss. »Oh, der Eurasier, der hat so ein kuscheliges Fell, mit dem will ich schmusen«,

denkt man da. Ganz viele Hunde, die aussehen wie Kuschelbären, werden genau deswegen genommen. Nur: Der Eurasier will nicht kuscheln. Vizsla oder Weimaraner werden genommen, weil sie so elegant und schön sind. Und mit so einem Hund an seiner Seite erhofft man sich unbewusst, selbst auch als schöner und begehrter wahrgenommen zu werden.

Diese einfachen Auslöser machen oft den Anfang, die anderen Probleme entstehen dann erst in der Beziehung. Viele Menschen haben den Hund ja vorher höchstens zweimal kurz beim Züchter gesehen. Die kennen den gar nicht. Ganz zu schweigen von den Menschen, die sich ihren Hund online aussuchen. Wenn wir ehrlich sind, ist Unwissenheit häufig der Grund, warum sich so viele Menschen Hunde aussuchen, die überhaupt nicht zu ihnen passen. Auch wenn sie wissen, dass zum Beispiel ein Vizsla viel Zeit in Anspruch nehmen wird, weil er Beschäftigung braucht, reden sie sich das schön: Ach, das kriegen wir schon irgendwie hin. Oder sie haben zehn Vizslas getroffen, die total entspannt und ausgeglichen waren, und denken, das sei der Standard. Dabei ignorieren sie, dass diese Hunde schon sieben bis zwölf Jahre alt und nur deshalb so entspannt und ausgeglichen waren, weil die Menschen, mit denen sie zusammenleben, hundeerfahren sind und ihre Vierbeiner drei Stunden am Tag artgerecht beschäftigen.

JB: Der Blick in den Spiegel, also auf meinen Hund, bietet mir also die Möglichkeit, selbst etwas zu lernen?
IS: Ja, denn was der Hund braucht, nämlich Ruhe, Klarheit, Sicherheit, Rituale, Vorhersehbarkeit, Motivation, Freude, Nähe, tut auch uns gut. Hund und Mensch sind soziale Lebewesen und deshalb unterscheiden sie sich in sehr vielen Dingen nur gering bis gar nicht voneinander. Wir haben so viele Gemeinsamkeiten. Ich arbeite mit Pädagogen, Hundetrainern, Familien mit Kindern, Hundehaltern und Hunden. Das sind immer die gleichen Grundthemen: Rituale, Ruhe, Sicherheit, Feinfühligkeit, Bedürfnisse erkennen. Wenn ich meine eigenen Bedürfnisse nicht erkenne, wie soll ich dann die meines Hundes erkennen?

JB: Das hieße umgekehrt …
IS: Lerne ich die Bedürfnisse des Hundes zu erkennen und erfahre zum Beispiel: »Wenn er Angst hat, braucht er das und das«, kann ich das auch auf mich spiegeln. Das ist impliziertes Lernen. Wenn wir offen sind und diesen Schritt für uns zulassen, können wir über den Hund sehr viel für unsere eigene seelische Gesundheit mitnehmen.

Wie wir sind, färbt auch auf unseren Hund ab. Das gilt aber auch andersherum – wenn wir uns trauen, einen Blick hinter die Fassade zu werfen.

ICH UND DU = WIR

DAMIT UNSERE FELLNASEN SICH BEI UNS WIRKLICH SICHER FÜHLEN, MÜSSEN WIR IHNEN IMMER WIEDER ZEIGEN, DASS WIR ALLES IM GRIFF HABEN – AUCH UNS SELBST. DENN HUNDE HABEN EIN UNGLAUBLICHES GESPÜR FÜR AUTHENTIZITÄT. UND SIE ZEIGEN UNS DURCH IHR BENEHMEN GANZ SCHNELL, WENN WIR IHNEN (UND UNS) ETWAS VORMACHEN. DAMIT HELFEN SIE UNS, EIGENE STÄRKEN UND SCHWÄCHEN AUFZUDECKEN UND UNS SELBST BESSER KENNENZULERNEN.

DAS
FISCHRESTAURANT

WER BIN ICH EIGENTLICH?

Jede Beziehung, egal ob zwischen Menschen oder zwischen Mensch und Hund, ist geprägt davon, was beide Partner an Persönlichkeit und Charakter mitbringen.

Bei den vielen Mensch-Hund-Beziehungen, die ich in den letzten Jahren begleiten konnte, hatte ich es mit den unterschiedlichsten Zwei- und Vierbeinern zu tun. Jede ihrer Geschichten war einzigartig und musste von mir ganz individuell betrachtet werden, um eine Lösung für die jeweiligen Probleme zu finden. MIt der Zeit bemerkte ich allerdings, dass sich bei den Besitzern ein paar Persönlichkeitstypen herauskristallisierten, die sich in vielen Bereichen ähnelten – und dass dies auch ein Grund dafür war, warum sich bei so vielen die Probleme zwischen Mensch und Hund ähnelten.

Für dieses Buch habe ich mir einmal die am häufigsten wiederkehrenden Persönlichkeitstypen näher angeschaut und analysiert, wie sie sich auf die Beziehung zum Hund auswirken können. Dabei ist es mir ganz wichtig zu unterstreichen, dass es nicht den EINEN Typen gibt, sondern dass wir fast immer eine Mischung aus verschiedenen Typen in uns tragen. Genau diese Mischung ist es, die jeden Menschen zu etwas Besonderem macht. Und deshalb gibt es auch kein Gut und kein Schlecht.

Machen Sie sich doch einfach mal den Spaß und finden Sie heraus, welchem Typ, welchen Typen Sie am ehesten entsprechen. Die Testfragen bei jedem Kapitel habe ich den gängigen, standardisierten psychologischen Persönlichkeitstests entnommen. Es sind ähnliche Fragen, wie man sie bei Auswahlverfahren gestellt bekommt oder haufenweise im Internet finden kann. Und? Wo finden Sie sich wieder?

TYP 1: DER GEWOHNHEITSMENSCH

Gewohnheiten geben Halt, aber manchmal werden sie auch zu Fesseln, die uns daran hindern, unser volles Potenzial zu entfalten und zu dem Menschen zu werden, der wir sein könnten.

Jeder Mensch hat so seine Gewohnheiten. Sie lotsen uns heimlich durch den Alltag. Die Neurowissenschaft schätzt sogar, dass sie uns 30 bis 50 Prozent unserer Entscheidungen abnehmen – unser Unterbewusstsein steht dann gewissermaßen auf Autopilot. Das hat Auswirkungen auf unser Denken und Fühlen, aber auch auf den Umgang mit anderen und letzten Endes auch mit uns selbst. Wie Gewohnheiten entstehen? Immer auf die gleiche Weise. Ein Auslöser oder Reiz führt zu einer Handlung. Fühlt sich das für uns gut an, schenkt uns unser Belohnungssystem eine Ladung Glückshormone. Die machen süchtig und das merkt sich unser Gehirn. Beim nächsten ähnlichen Reiz erinnert sich unser Unterbewusstsein an die »leckere« Hormonladung und wir führen die gleiche Handlung wieder aus. Willkommen in der Endlosschleife.

MAURICE UND ATOS ODER: ZEIT FÜR VERÄNDERUNG

Maurice war ein Bild von einem Investmentmanager: Perfekt gepflegter 90-Euro-Barber-Cut, leichte Bräune im kantigen Gesicht, manikürte Hände, Maßanzug von seinem Schneider und Gucci Loafer. Der 35-Jährige war ein Vorzeigehipster der Frankfurter Finanzwelt und noch Single. Dafür lebte er mit seinem Rüden Atos zusammen, auch der ein Bild von einer Dogge.

Atos war nicht sein erster Hund, doch während bisher alle Fellnasen in Maurices Familie über einen fehlerfreien Stammbaum verfügt hatten und den Charaktereigenschaften ihrer Rasse wie aus dem Bilderbuch entsprachen, hatte er bei Atos eine Ausnahme gemacht und ihn aus einem Kofferraum gekauft. Impulskauf würden Konsumforscher dazu sagen. In Wahrheit bestimmen jedoch auch beim Kauf eines Hundes Angebot und Nachfrage den Markt. Und da verantwortungsvolle Züchter in Deutschland schon seit Längerem an ihre Grenzen stoßen, bieten immer mehr Vermehrer, insbesondere aus Osteuropa, ihre Ware an – mit zweifelhafter Herkunft und meist erstklassig gefälschten Papieren. Dass Welpen, die unter diesen Bedingungen aufwachsen müssen, später zwangsläufig sehr oft ein negatives Verhalten an den Tag legen, blendete Maurice aus. Vielleicht wusste er es sogar auch einfach nicht besser.

Als mich sein Hilferuf erreichte, lebten die beiden schon zwei Jahre zusammen. Ich öffnete meine Handy-App und startete die Videonachricht. Das war schräg: Ich sah in vier völlig verunsicherte Augen. Maurice, die Leine in der Hand, blickte starr in die Kamera, Atos traurig und nervös. »Hallo, Jochen, ich bin Maurice und das ist mein Hund Atos. Der Atos macht mir große Probleme. Ich kann kaum mehr mit ihm rausgehen, er hat vor allem und jedem Angst. Und das steigert sich und er wird unkontrollierbar. Ich demonstriere das mal kurz.« Maurices Stimme klang seltsam abgehackt. Verkrampft und steif ging er mit dem jungen Doggenrüden einige Meter auf der Straße. »Was wird gleich passieren?«, schoss es mir durch den Kopf. Denn bereits bei dieser kleinen Demonstration war deutlich zu erkennen, dass es Maurice nicht gelang, seinen Hund souverän zu führen. Atos war sehr nervös. Er erschrak beim kleinsten Impuls von außen und sprang panisch in die Leine. Am Ende des Videos war der Rüde so voll angestauter Energie, dass er in einer Übersprungreaktion versuchte, nach Maurices Arm zu schnappen. Ich sprang ein paar Sekunden zurück. Hatte ich das richtig gesehen? Um Atos' glänzenden, muskulösen Nacken hing ein verchromtes Stachelwürgehalsband. Wie resigniert musste Maurice mittlerweile sein, dass er sich von diesem Folterwerkzeug Kontrolle über seinen Hund erwartete? Und welche Schmerzen, welche Verzweiflung und welch unangenehmes Gefühl musste Atos die ganze Zeit verspüren? Mir schossen die Tränen in die Augen. Das hatte dieser Hund nicht verdient. Wie hatte es überhaupt so weit kommen können?

WELPEN, DIE WIE ATOS IN DEN ERSTEN LEBENSWOCHEN NICHT SICHER SOZIALISIERT WURDEN, BRAUCHEN BESONDERS VIEL SICHERHEIT UND RUHE, UM EINE GUTE BINDUNG AUFZUBAUEN.

Der Traum von der Perfektion

Es fällt mir zwar schwer, das zu sagen, aber es gibt durchaus Mensch-Hund-Teams, die passen einfach nicht zusammen – und dann ist es auch besser, wenn sie getrennte Wege gehen. Tierliebe hin oder her: Am Ende zählt, dass der Hund glücklich leben kann.

Aber woran liegt es, dass es zwischen Zwei- und Vierbeiner so gar nicht funktioniert? Oft sind die Spiegelungen zu stark. Die Eigenschaften, die der Mensch im Hund sieht und selbst gerne hätte, sind erst einmal unerreichbar. Seine Wünsche und Vorstellungen passen nicht mit den Bedürfnissen des Hundes zusammen, vielleicht ist am Ende der Mensch auch nicht bereit, seine Einstellung zu Themen wie Erziehung oder Zusammenleben zu ändern, genauso wie er nicht dazu bereit ist, sein Mindset anzupassen und mal zu gucken: »Was braucht der Hund, was brauche ich? Wer bin ich, was bin ich eigentlich bereit, wirklich zu geben?« Im Fall von Maurice und Atos wollte ich aber auf keinen Fall vorschnell einen Ratschlag geben, sondern die beiden unbedingt erst einmal persönlich treffen.

»Warum hast du dich eigentlich für eine Dogge entschieden?«, wollte ich von Maurice bei unserem ersten Treffen wissen. »Weil wir immer schon Doggen hatten. Diese Hunde sind für mich Schönheit, Kraft, Eleganz und Stärke in Perfektion«, antwortete er, ohne lange nachzudenken. »Und was fasziniert dich so an der Rasse?«, wollte ich weiterwissen. »Doggen sind unheimlich selbstbewusst und fackeln nicht lange, wenn es mal ernst wird.« Dabei strich er Atos, der neben ihm stand, zärtlich über den Kopf, blickte dann aber zu ihm hinunter und setzte mit leicht verächtlicher Stimme nach: »Aber du hier, du bist halt zu gar nix zu gebrauchen.«

Ich musste mir keine große Mühe geben, die Verbitterung in Maurices Stimme herauszuhören. Aus seiner Perspektive war die Situation nachvollziehbar. Er wünschte sich Perfektion – und was bekam er? Chaos! Maurice hatte sich nach einem Hund gesehnt, der für ihn allein durch seine Größe Schutz und Selbstvertrauen verkörperte, aber nun nannte er eine unsichere und aggressive Fellnase sein Eigen, deren unkontrollierbares Verhalten ihn selbst langsam in Panik versetzte. Er hatte erwartet, Atos wäre ein souveräner und perfekter Partner an seiner Seite. Die Realität aber sah nach zwei Jahren völlig anders aus: Dem Doggenrüden war es offensichtlich nicht möglich, eine starke und enge Bindung zu seinem Menschen aufzubauen, und im Gegenzug stieß sein unsicheres und aggressives Verhalten bei diesem mehr und mehr auf Ablehnung. Wie konnte es zu so einer für beide Seiten tragischen Entwicklung kommen?

Schlechte Startvoraussetzungen

Mithilfe einiger langer Gespräche ich begab mich auf Spurensuche. Eindeutig war eine der Ursachen für Atos' Verhalten in seiner Herkunft zu finden. Er war der typische Kofferraumwelpe. Viel zu früh von der Mutter getrennt und dem sicheren Hafen entrissen, wurde die kleine hilflose Dogge nach Deutschland gebracht. Das hatte massive Auswirkungen auf ihre Entwicklung. Fundamentale, für immer prägende Erfahrungen, die Welpen nur mit ihrer Mutter und ihren Geschwistern machen können, gingen so verloren. Wichtige Momente der sozialen Reifung wurden teilweise verpasst. Die wichtigsten Erkenntnisse der Verhaltensbiologie belegen eindeutig, dass das Ausbleiben dieser frühen Erfahrungen negative Auswirkungen auf das zukünftige Verhalten haben können. So war es auch bei Atos. Ihm fiel es generell schwer, Vertrauen aufzubauen oder sich zu binden. Er war schreckhaft und unsicher gegenüber vielen alltäglichen Dingen und Situationen, die ein Hund mit guter sozialer und frühkindlicher Prägung sehr wahrscheinlich entspannter und weniger bedrohlich aufgenommen hätte. Ein anderer Hundehalter, der sich mit dem Thema auskennt, wäre auf entsprechende Probleme vielleicht vorbereitet gewesen. Nicht so Maurice, der Eigenschaften wie Unsicherheit, Zurückhaltung und Schreckhaftigkeit am wenigsten bei seiner Dogge erwartete. Mehr noch: Diese Attribute hatten in seiner Gedankenwelt überhaupt keinen Platz, was womöglich daran lag, dass er sie bei sich selbst auch nicht akzeptierte.

MAURICES PROBLEM: NACH SEINER LOGIK WAR ER SELBST NICHT TEIL DES PROBLEMS. STATTDESSEN SUCHTE ER DEN FEHLER ALLEIN BEI SEINEM HUND ATOS.

So wurschtelten sich die beiden die erste Zeit alleine durch. Zu Hause, in den eigenen vier Wänden, war Atos ein entspannter Schmuser. Draußen aber sah die Realität ganz anders aus. Da schreckte Atos bei unbekannten Geräuschen oft zusammen und suchte instinktiv Schutz bei seinem Herrchen. Undenkbar für Maurice, dass sich sein nasser Junghund zwischen seine Füße auf seine frisch polierten und maßgefertigten Budapester Schuhe setzen durfte. »Weiter, los, stell dich nicht so an. Das ist doch nicht schlimm, da musst du durch!«, lautete seine Devise. Kamen andere Hunde auf das ungelenke Kraftpaket zugestürmt, drückte sich Atos unterwürfig und beschwichtigend auf den Boden. Das war Maurice vor den anderen Hundebesitzern oftmals peinlich, denn Kommentare wie: »Na, der hat ja ganz schön Schiss in der Buchse« blieben nicht aus. An der nächsten Straßenecke entlud sich Atos' Anspannung dann meist in wilden Anspring- oder Beißattacken in Arme und Hände seines Herrchens.

Zu Hause fällt es oft leichter, Nähe zu schenken. Aber Hunde wollen auch draußen spüren, dass wir für sie da sind. Das gibt ihnen Sicherheit.

Nach und nach engagierte Maurice eine ganze Armada von Hundetrainern, die alle mit unterschiedlichen Methoden versuchten, das Verhalten seines Hundes in andere Bahnen zu lenken. Fast schon müßig zu erklären, dass sie leider alle scheiterten.

Einer dieser Versuche basierte auf dem Prinzip der klassischen Gegenkonditionierung, ein Verfahren, das bei Menschen überwiegend zur Behandlung von Phobien zum Einsatz kommt. Es besteht darin, den Klienten direkt oder schrittweise mit den angstauslösenden Reizen zu konfrontieren – zunächst nur in der Vorstellung, später auch in der Realität – und ihn gleichzeitig anzuweisen, eine zuvor erlernte tiefe Körperentspannung zu nutzen, die der Angst entgegenwirkt. Im Fall von Atos bedeutete das: Er musste immer wieder durch ein Spalier kläffender Hunde laufen oder alleine angebunden an einer Bank in der Bahnhofshalle warten.

Grundsätzlich ist diese Umkonditionierung bei Menschen eine durchaus erfolgreiche Methode. Ich persönlich halte es jedoch für äußerst fragwürdig, sie eins zu eins auf einen unsicheren und ängstlichen Hund zu übertragen. Ich finde das sogar fast schon aversiv, also gewalttätig. Es ist schon für uns Menschen schwierig, angsteinflößende Situationen entspannt auszuhalten, selbst wenn sie kontrolliert sind. Stresshormone durchfluten unseren Körper, die Atmung wird flach, kalter Schweiß läuft uns den Rücken hinunter, während die Hände zittern und sich die Brust zusammenschnürt. Und das alles passiert, obwohl wir vom Verstand und der Logik her wissen, dass uns in dieser künstlich herbeigeführten Situation eigentlich gerade nichts passieren kann.

STATT IHM ZU HELFEN, HATTE MAN ATOS MIT SEINER ANGST GANZ ALLEIN GELASSEN.

Ein traumatisierter oder ängstlicher Hund weiß dies allerdings nicht. Er durchlebt die Situation daher ständig aufs Neue. Was ihn aber in meinen Augen noch viel härter trifft als jeden Menschen: Er kann das Experiment nicht einfach abbrechen, wenn es ihm zu viel wird. Menschen können das. Sie können dem Therapeuten sagen: »Mir reicht's, ich kann nicht mehr, bitte hören Sie auf!« Hunde haben diese Chance nicht. Sie müssen wie Atos die angsteinflößenden Situationen wieder und wieder aushalten. Stellen Sie sich vor, Sie hätten aus für Sie unerklärlichen Gründen schreckliche Angst vor Höhe, Ihr Partner oder Ihre Partnerin würde Sie aber ständig überreden und zwingen, mit ihm/ihr Achterbahn zu fahren. Welche Gefühle würden Sie dem anderen gegenüber entwickeln? Sicher würden Sie sich fragen, warum er oder sie Ihre Angst nicht versteht. Warum er/sie Sie immer wieder in diese Situation zwingt und in Kauf nimmt, dass Sie sich schlecht fühlen. Ist ihm/ihr das etwa egal?

Sind Sie ihm/ihr egal? Zu ihrem ohnehin schon schwachen Selbstvertrauen würden sich noch neue ungute Gefühle hinzugesellen. Das ist bindungszerstörend.

Auch Atos hatte keine Chance, sein Verhalten zu ändern, weil niemand bereit war, die Ursachen seiner Angst und Unsicherheit herauszufinden. Und weil sich nichts tat, entschied sich Maurice für den nächsten Weg: Er engagierte einen Doggen-»Experten« der alten Schule. Dieser versprach, dem jungen Hund die Flausen schon auszutreiben und dafür zu sorgen, dass aus dem feigen Angsthasen ein mutiger Angreifer werden würde. Das Training mit Schlägen, Strafen und Stachelhalsband endete jedoch für Atos in einem Super-GAU und für den Trainer in der Notaufnahme. Wenn Hunde ungehemmt zupacken, haben sie vorher schon tage-, wochen- oder monatelang eindeutige und klare Signale an uns gesendet und uns eindringlich gebeten, unser Handeln ihnen gegenüber zu überdenken und zu korrigieren. Wird das ignoriert, eskaliert die Situation oftmals schon wegen einer Kleinigkeit. Beißangriffe sind nicht rasseabhängig. Jeder Hund kann in den Händen des falschen Menschen zur Bestie werden. Natürlich ist es am Ende ein Unterschied, ob die Bestie ein Chihuahua ist und vier Pfund wiegt oder eine Dogge, die 60 Kilo oder noch mehr auf die Waage bringt. Mein Leitsatz lautet hier aus Überzeugung: Der Umgang mit meinem Hund entscheidet am Ende über sein Verhalten. Und so wie bei Atos unsicheres Verhalten einfach zu ignorieren und mit Zwang, Druck und Gewalt zu arbeiten ist ein möglicher Weg, um einen unsicheren Hund in die Aggression zu treiben. Spätestens nach diesem »Training« war Maurice mit seinem Latein am Ende.

Mut zur Ehrlichkeit

Ich hatte Maurice aufmerksam zugehört und sah in den warmen Augen dieses perfekt gestylten und eigentlich aalglatten Managers für einen kleinen Moment Unsicherheit aufblitzen. Ich atmete, um mich selbst zu beruhigen, langsam ein und aus. Ich wusste, was ich jetzt antworten würde, könnte das Verhältnis zwischen Atos und ihm vielleicht verbessern – oder aber es ganz zerstören. Atos saß die ganze Zeit ruhig neben Maurice und sein trauriger Blick glitt irgendwie ins Leere. Maurice strich beiläufig über seinen Nacken, berührte dabei den chromblitzenden Stachelwürger und schreckte leicht zurück. Ich blickte direkt in sein Gesicht und fragte ganz ruhig: »Wenn dir Perfektion so unwahrscheinlich wichtig ist und Atos dir eigentlich genau das Gegenteil ins Leben bringt, nämlich Chaos, musst du dir die Frage stellen, warum dir eine nach außen hin perfekte Welt so wichtig ist. Wie findest du den Gedanken, Atos mit seinen Schwächen einfach anzunehmen und trotzdem zu lieben?«

Um diese Fragen ehrlich beantworten zu können, musste Maurice tief in seiner Vergangenheit graben. Perfektion und Gewohnheiten spielten in seinem Leben schon immer eine wichtige Rolle, wenn nicht sogar die wichtigste. Liebe gab es nie umsonst. Motivierende Worte und Zuneigung waren allenfalls die Gegenleistung für gute Noten im Französischunterricht oder wenn er sich in den Augen seiner Mutter perfekt verhielt. Egal ob Fleiß und Lernen, das Zählen von Kalorien oder die Auswahl der Kleidung: Alles musste perfekt sein – so wie immer. Die Tage vergingen mit der immer gleichen Routine. Egal, ob es die täglichen Zeiten für Hausaufgaben, die wöchentlichen Tennisstunden oder die einmal im Monat stattfindenden Opernbesuche waren: Alles folgte strengen Regeln, einer festen Gewohnheit.

Für Maurices Mutter waren Disziplin, Perfektionismus und Routinen nicht verhandelbar, sondern eine Lebenseinstellung, die sie auch gnadenlos ihrem Sohn überstülpte. Und Maurice spiegelte das in gerader Linie seiner Mutter zurück. Sein Spiegelbild zeigte das Original, aber fühlte er es auch? Im Grunde verfügte Maurice über wenig Selbstvertrauen. Er empfand sich selbst nie als gut genug. Was Durchsetzungsvermögen und Stärke betraf, fühlte er sich schwach. Atos sollte diese Eigenschaften in sein Leben bringen und den Mangel ausgleichen. Aber ein Hund ist immer nur so souverän und stark wie der Mensch an seiner Seite. Damit sich Atos ändern konnte, musste Maurice beginnen, ehrlich zu sich selbst zu sein.

Der erste Schritt dazu war, Atos' Wesen anzuerkennen. Zu akzeptieren, dass er unsicher war und dass es keine Schwäche ist, zurückhaltend zu sein oder einmal Angst zu haben. Maurice musste lernen, diese Angst zu akzeptieren und gleichzeitig an ihr zu arbeiten. Er musste derjenige sein, der Atos Schutz und Selbstvertrauen gab. Er musste anfangen, ein guter Bindungspartner für Atos zu werden und sich dieses Vertrauen und die Bindung zu verdienen. Nicht umgekehrt.

In Atos' optischer Perfektion und seinem innerlichen Chaos und der Schwäche konnte Maurice sich selbst erkennen und lernen, nicht nur seinen Vierbeiner, sondern auch sich anzunehmen und zu akzeptieren. Das war die Spiegelung. In dem Moment, als Maurice das erkannte, bekam er die Chance, authentisch mit seinem Hund zu kommunizieren. Glaubwürdig zu sein. So hatten beide die große Möglichkeit gefunden, sich weiterzuentwickeln, an ihren Unsicherheiten und Schwächen zu arbeiten. Das hieß in erster Linie, positiv an Atos' Unsicherheiten zu arbeiten. Ihn umsichtig und vorausschauend zu lenken und klar, bestimmt, aber vor allem konsequent zu leiten. Dabei half auch ein vorsichtiges und ganz auf die Möglichkeiten des Hundes abgestimmtes

Fremder Hund an der Leine – oder noch schlimmer ohne: für viele Hundehalter der blanke Horror. Umso wichtiger ist es, Hundebegegnungen gezielt zu üben.

Training, bei dem besonders kontrollierte Hundebegegnungen im Vordergrund standen. Hier konnte Maurice seinem Hund zeigen, dass er ein zuverlässiger und vorausschauender Partner war. Auch die behutsame Eingliederung in ein Rudel füllten bei Atos langsam die Lücke, die durch seine mangelhafte Sozialisierung entstanden war. Er lernte andere Hunde immer mehr als entspannte und ungefährliche Artgenossen kennen. Das stärkte seine Resilienz und schenkte ihm Selbstvertrauen.

Maurice lernte sich durch das Training und die intensive Arbeit mit seinem Hund auch selbst immer besser kennen. Sein von starren Gewohnheiten, Perfektion und Erfolg geprägtes Weltbild begann zu bröckeln. Durch Atos lernte er, sich auch über kleine Erfolge zu freuen, den Moment zu genießen und nicht nur das große Ganze im Blick zu haben. Er brauchte keinen eindrucksvollen Hund, der ihm nach außen Schutz und Sicherheit verlieh. Er war es selbst wert, beachtet und anerkannt zu werden, ohne ständig einem makellosen Ideal hinterherjagen zu müssen. Atos hielt seinem Partner den Spiegel auf eine unbarmherzige Art direkt vor die Augen: »Sieh mich an. Meine äußere Erscheinung, das Bild, das Menschen von mir haben, steht im absoluten Gegensatz zu dem, was ich bin. Erkenne dich in mir und lass dich auf diese Reise ein. Dann können wir beide aneinander wachsen und uns von unserem Panzer befreien.«

Neuer Mensch, neuer Hund

Erst vor ein paar Wochen habe ich Atos und Maurice wiedergetroffen. Ehrlich gesagt hätte ich ihn ohne seinen Doggenrüden gar nicht erkannt. Er trug Jeans, Boots und ein lässiges Holzfällerhemd. Zudem hatte er sich während des Lockdowns die Haare wachsen lassen. Sie passten ausgezeichnet zu seinem ebenfalls neuen Dreitagebart. »Gut siehst du aus, Maurice«, rief ich lachend. »Du überraschst mich immer wieder. Wie geht's euch?« »Ich habe die Branche gewechselt und ziehe jetzt mit ein paar Leuten ein cooles Start-up hoch«, entgegnete er mir. »Mit dem Atos habe ich im Sommer Obedience angefangen. Das gefällt ihm richtig gut.« Beim Wort »Obedience« stellte Atos leicht die Ohren hoch und seine Rute wackelte aufgeregt. »Aber das Beste ist, wir haben Zuwachs bekommen.« Erst jetzt checkte ich, was Maurice mir sagen wollte. Ich musste von seiner optischen Veränderung so verdutzt gewesen sein, dass ich die selbstbewusste weiß-braun getupfte, etwa wadenhohe Hündin hinter Atos gar nicht bemerkt hatte. »Darf ich vorstellen«, erklärte mir Maurice mit stolzgeschwellter Brust, »das ist die kleine Fee. Die kennen wir aus der Huta, ihre Besitzer mussten sie coronabedingt leider abgeben. War zwischen den beiden Liebe auf den ersten Blick und so ist sie bei uns eingezogen.«

Ich war stolz und glücklich, die drei so entspannt und ausgelassen zu sehen. Nach all der Zeit hatte Maurice es geschafft, sein Hundebild zu korrigieren. Trotz der vielen erfolglosen Versuche hatte er sich auf eine neue Herangehensweise eingelassen, um die Beziehung zu seinem Hund zu kitten, und war dabei den bestimmt nicht ganz leichten Weg der Selbstfindung gegangen. »Jochen, komm doch ein paar Meter mit uns mit«, unterbrach Maurice meine Gedanken, um mit einem Augenzwinkern hinzuzufügen: »Dann kannst du mir ja auch gleich noch die Spiegelung von der Fee erklären!«

DIE MACHT DER GEWOHNHEIT

Gewohnheiten sind an sich nichts Schlechtes. Im Gegenteil: Sie geben uns Identität, weil sie unsere Persönlichkeit unterstreichen. Meine Eltern und Weihnachten zum Beispiel. Seit 50 Jahren gibt es am Heiligen Abend, soweit ich mich erinnern kann, Ragout fin aus feinen Kalbs- und Hühnchenstücken in einer sahnigen Weißweinsauce. Serviert wird sie in knusprigen kleinen Blätterteigförmchen. Vor dem Essen hebt man das duftende Teigdeckelchen ab und schmeckt das Ragout mit ein paar Tropfen Worcestershiresauce ab. »Die wird Wuuustersoße ausgesprochen«, höre ich meinen Vater jedes Mal dann sagen – ebenfalls seit 50 Jahren. Auch wenn niemand am Tisch den Namen des malzigen und leicht säuerlichen Gebräus auch nur ausgesprochen hat.

Oder mein ehemaliger Nachbar in München, den ich, auf die Minute genau, jeden Abend mit seinem Hund im Hofgarten antreffen konnte. Egal zu welcher Jahreszeit, egal bei welchem Wetter, zuverlässig wie ein Schweizer Uhrwerk. Wenn mir nach einem kleinen Plausch unter Hundebesitzern war, wusste ich immer, wo ich ihn finden würde. Hat man die Gewohnheiten seiner Nächsten erst mal erkannt, weiß man deren Vorhersehbarkeit schnell zu schätzen. Vorhersehbarkeit schafft Vertrauen und bringt einen dem Menschen näher.

Warum fällt es uns Menschen aber eigentlich so schwer, unseren Gewohnheiten zu entsagen? Mal wieder kennt die Wissenschaft die Antwort auf diese Frage: »Für unser Gehirn gibt es kaum etwas Schwierigeres, als Gewohnheiten abzulegen«, erklärt Hirnforscher Gerhard Roth. »Je öfter wir unsere Handlungen wiederholen, desto stärker sind sie nicht nur im Gehirn verankert, sondern zugleich an die sie auslösenden Reize geknüpft. Es erfordert viel Kraft, um auf diese Reize anders als gewohnt zu reagieren. Doch was macht Automatismen so resistent gegen unsere Versuche, sie zu ändern? Es sind die Belohnungsstoffe, die unser limbisches System jedes Mal ausschüttet, wenn wir wie gewohnt handeln. Dieses gute Gefühl erzeugen körpereigene Opioide, die uns dann durchströmen. Durch diese Glücksbotenstoffe wird eine Handlung bekräftigt. Wir berauschen uns an der eigenen Zufriedenheit.«

TEST: SIND SIE EIN GEWOHNHEITSMENSCH?

Wenn Sie mehr als drei Fragen mit Ja beantworten, könnte der Auslöser für die Probleme mit Ihrem Hund sein, dass Sie ein Gewohnheitsmensch sind.

	Ja	Nein
• Lieben Sie Ordnung und dass alles auf seinem Platz ist?	☐	☐
• Werden Sie morgens immer zur gleichen Zeit wach?	☐	☐
• Machen Sie schon seit Jahren im selben Ort Urlaub?	☐	☐
• Schmunzeln Ihre Freunde/Kollegen manchmal über Ihre kleinen »Eigenheiten«?	☐	☐
• Brauchen Sie erst mal Zeit, um warm zu werden, wenn Sie neue Leute kennenlernen?	☐	☐
• Sind Sie der totale Beziehungstyp?	☐	☐
• Essen Sie abends nach einer gewissen Uhrzeit nichts mehr?	☐	☐
• Macht Ihnen die Vorstellung, sich spontan einen neuen Job zu suchen, Stress?	☐	☐
• Halten Ihre guten Neujahrsvorsätze regelmäßig gerade mal ein paar Tage durch?	☐	☐
• Sagen Sie oft erst mal zu allem Nein?	☐	☐

Achtung, Falle

Gewohnheitsmenschen beschreiben sich selbst gern als Beziehungstypen, wobei ihre Gewissenhaftigkeit und ihr perfektionistisches Kontrolldenken den Partner oder die Partnerin in einer Beziehung schon mal vor Herausforderungen stellen können. Ich spreche da ehrlicherweise aus eigener Erfahrung. In mir leben durchaus chaotische Anteile des Hektikers: »Das wird schon, mach dir mal keine Sorgen!« ist ein Mantra, das mich vor allem selbst beruhigen soll. Mein Mann Matthias zeigt dagegen diverse Verhaltensmuster eines typischen Gewohnheitsmenschen. Seit zehn Jahren sorgt das bei uns in regelmäßigen Abständen für Diskussionsbedarf. Besonders wenn es um Ordnung oder »überlebenswichtige« Regeln und Rituale geht, wie zum Beispiel das Ausziehen der Schuhe beim Betreten des Hauses oder das mutwillige Zerstören der sorgfältig gekämmten Teppichfransen. Wir haben in unserer Beziehung schnell gelernt, die Bedürfnisse des Partners zu akzeptieren und sogar Vorteile darin zu erkennen. Ich habe mehr Struktur in mein Leben gebracht und mein Mann sieht viele Dinge jetzt entspannter und lockerer – bis auf die Sache mit den Teppichfransen! Die beiden Hunde, die Matthias und mich berauschen, spiegeln unsere Verhaltensmuster übrigens kristallklar wider. Ein chaotisches, hibbeliges und zartes Labradormädchen im Team Gewohnheitsmensch und ein gelassener, souveräner und völlig gechillter Mops im Team Hektiker. Noch Fragen?

GEWOHNHEITEN UND RITUALE GEBEN SICHERHEIT, ABER IMMER DER GLEICHE TROTT LANGWEILT SCHNELL.

Ich gestehe, ich habe ein Faible für Gewohnheitsmenschen. Sie zählen zu den verlässlichen Zeitgenossen, die sich und anderen treu bleiben. Und das gilt in den meisten Fällen nicht nur für menschliche Beziehungen, sondern auch für die Beziehung zu ihren Hunden. Denen kommen die vielen positiven Charaktereigenschaften von Gewohnheitsmenschen sehr gelegen. Auch sie brauchen Rituale und einen festen Rahmen, um sich in der Welt der Menschen zurechtzufinden. Leitplanken, die ihnen zuverlässig melden, was gewünscht und was unerwünscht ist. Das gibt ihnen Sicherheit. Das immer gleiche Fütterungsritual oder die abendliche Kuschelrunde sorgen für Vertrauen und Bindung. Auch beim Auf- oder Abtrainieren von Verhalten fällt es Gewohnheitsmenschen naturgemäß meist viel leichter als anderen, gewissenhaft, präzise und vor allem konsequent zu sein. Das kommt dem Hund beim Lernen entgegen.

Das Heimtückische an Routinen ist jedoch, dass man, bevor man sich versieht, darin feststeckt. Für Hunde in der Obhut eines Gewohnheitsmenschen ist das Risiko besonders groß. Schuld sind der immer gleiche Trott, die immer gleichen Rituale, Gassirunden oder Trainingskurse. Auch Fellnasen können gelangweilt sein. Durch ihre scharfe Beobachtungsgabe ist es für sie ein Leichtes, die immer gleichen Handlungsabläufe ihres Menschen zu durchschauen. Und es ist dann nur noch eine Frage der Zeit, bis sie deren Schwachstellen aufgedeckt haben.

Leben heißt auch, mal loszulassen

Wenn Hunde sich nicht mehr für ihre Menschen interessieren, ist guter Rat teuer. Ich lernte eine Akitadame kennen, der ihr Herrchen schnuppe war. Sie interessierte sich null für ihn. Umso mehr sich Herrchen bemühte, umso brutaler schaltete die Japanischer-Spitz-Dame, die auf den Namen Dalia hörte – oder eben auch nicht – auf Durchzug. Ihr Besitzer, Mitte 40, hatte erst vor Kurzen einen Burnout überwunden und war auf der Suche nach einem neuen Betätigungsfeld, einer neuen Aufgabe. Er hing aber verständlicherweise noch total in den Seilen, war er sich noch nicht mal sicher, in welche Richtung es für ihn in Zukunft gehen sollte. Das wirkte sich natürlich auf sein ganzes Auftreten aus und dementsprechend war in der Kommunikation mit seiner Akita sehr unsicher und überhaupt nicht straight. Ich erinnere mich noch gut, wie er seiner eindrucksvollen, erhabenen Hündin mit einer köstlichen getrockneten Sardine in Bioqualität vor der Nase herumwedelte und Dalia ihren riesigen wuscheligen Teddykopf nur gelangweilt wegdrehte. Woher kam ihre Ignoranz?

Fast ein Jahr alt, hatte dieses Mitglied einer sehr eigenständigen und ursprünglichen Rasse noch nicht viel erleben dürfen. Herrchen hatte panische Angst, etwas falsch zu machen, und so stand seit dem Einzug des Welpen vor über neun Monaten jeden Tag das gleiche langweilige Programm auf dem Plan. Bei den kurzen Runden draußen blieb Dalia angeleint. Ihr Radius in die Welt hinaus betrug gerade mal 1,50 Meter. Warum er nicht mal etwas Abwechslung in seine Routine bringen wolle, fragte ich nach. »Warum hast du nicht mal angefangen, mit deinem Hund ohne Leine zu gehen, oder zumindest mit der Schleppleine geübt?« Die Antwort war deprimierend: »Ich traue mich da nicht ran. Akitas sind doch Jäger und dann ist sie weg. Die tägliche Routine gibt mir Sicherheit, nichts falsch zu machen.« »So ist es aber auch nicht richtig«, kam es mir über die Lippen. Bloß weil Hunde jagdlich orientiertes Verhalten ausüben können, heißt das nämlich noch lange nicht, dass sie es automatisch immer tun. Das Märchen vom »Jagdtrieb« ist überholt. Das ist wie mit den Gewohnheiten. Hier könnte ich noch mal eins zu eins das Zitat von Gerhard Roth einkopieren. Solange wir die Reize, die jagdliches Verhalten bei unserem Hund auslösen, nicht bedienen, dafür aber zum Beispiel an seiner

Impulskontrolle in einer auslösenden Umgebung oder Situation arbeiten, wird Jagdverhalten in unserer Anwesenheit womöglich nie aufploppen. Seit über einem Dreivierteljahr hatte der Besitzer von Dalia leider die Chance verpasst, mit seinem Hund genau das zu vertiefen.

Es ist kein Wunder, dass viele Hunde durch die immer gleichen Abläufe regelrecht abstumpfen, schnell das Interesse an ihrem Menschen verlieren und ihre Umwelt oder neue Reize gar nicht mehr richtig wahrnehmen. Gerade die ursprünglichen Rassen wie Akitas, Malamuts, Samojeden oder Huskies sind aufgrund ihrer Genetik und Selektion durch den Menschen sehr eigenständig agierende Hunde und in ihrem natürlichen Lebensraum so etwas wie seine Arbeitskollegen. Und wie bei menschlichen Arbeitskollegen ist es ihnen auch nicht unbedingt wichtig, privat mit dem Chef »befreundet« zu sein. Es ist für sie einfach kein wesentlicher Faktor, um Bindung aufzubauen oder sich wohlzufühlen. Dalia spiegelte die unentschlossene Gewohnheit ihres Menschen klar zurück. »Solange du nicht bereit bist, deinen gewohnten Weg zu verlassen, und nicht beginnst, nicht nur an deine Bedürfnisse zu denken, sondern auch an meine, bist du für mich raus! Du hast mich ausgesucht, weil du genau mich dafür brauchst, ich brauche dich nicht!«, schien sie zu denken. Wenn das nicht entschlossen und straight war!

DEM TROTT ENTKOMMEN

Langeweile, Vorhersehbarkeit, das Feststecken in der Alltags- oder Trainingsroutine ist für die meisten Hunde kontraproduktiv. Sicher, jeder Hund ist ein Individuum und hat ganz eigene unterschiedliche Bedürfnisse, die sich immer wieder verändern. Faktoren wie Rasse, Gesundheit, Genetik oder, ganz wichtig, das Alter spielen auch eine erhebliche Rolle. Gizmo etwa, mit seinen fast zwölf Jahren, ist froh, dass in puncto Reisen möglichst alles so bleibt, wie es ist, weil das seinen altersbedingten Bedürfnissen an viel Ruhe und Redundanz am ehesten entgegenkommt. Geht's ums Erleben, um Abwechslung draußen, ist er dagegen völlig aus dem Häuschen und immer offen für Neues.

Der Wahlspruch vieler Gewohnheitsmenschen: »War gut, ist gut, bleibt gut« ist Gift für die Beziehung zu ihren Fellnasen. Denn so schlittert man schnell in die Ursache für alle auftretenden Probleme: die klassische Unterforderung. Schleichend bekommt die Mensch-Hund-Beziehung Risse. Denn genauso wie die Überforderung erzeugt die Unterforderung Stress und die sorgt wiederum dafür, dass beim Hund Verhaltensänderungen aufploppen. Klassische Symptome gibt es viele und von Hund zu Hund können sie unterschiedlich sein. Zu den häufigsten gehören das Zerstören und Zerbeißen von Sachen,

»VERSTECKENSPIELEN FÜR HUNDE: DAS FORDERT IHR GEHIRN UND BAUT STRESS AB.«

heftiges plötzliches Dauerbellen, Buddeln oder sogar Erde und Steine fressen bis hin zu aggressivem Verhalten. Im extremen Fällen geht der Stress der Unterforderung so an die Nerven und das Immunsystem des Hundes, dass selbst Wundlecken oder Hauterkrankungen bis hin zu Fellverlust auftreten können.

Unvorbereitet einfach so ins kalte Wasser springen zu müssen, besonders im Alltag, ist für jeden von uns reflexartig mit Unbehagen belegt. Doch gerade für einen Gewohnheitsmenschen ist das die einmalige Möglichkeit, aus seinem Schatten zu treten. Die Möglichkeiten des Lebens zu entdecken und dabei einfach auch ein Stück lockerer zu werden – zusammen mit seiner Fellnase. Hunde sind immer offen für Veränderungen, das steckt ihnen in den Genen. Sich auf neue Situationen einstellen: Wie das geht, können sie uns besser zeigen als alle anderen. Der Mensch muss sich nur darauf einlassen. Halten Sie sich also an Rita Kampmann: »Raus aus der Komfortzone und rein ins Leben.«

Das Tolle an einer Beziehung zwischen einem Gewohnheitsmenschen und seinem Hund ist, dass der Vierbeiner genau wie sein Zweibeiner gerne auf alte Gewohnheiten zurückgreift. Für unsere Fellnasen, deren Lebensmodell vereinfacht ausgedrückt im Hier und Jetzt stattfindet, sind sie fundamentale Ankerpunkte. Sie schaffen eine Atmosphäre der Sicherheit und des Wohlgefühls. Ortstreue ist so eine Gewohnheit, gerade wenn es um die Erledigung der Tagesgeschäfte geht. Hunde suchen bevorzugt dasselbe »Klohäuschen« auf. Auch Fresszeiten prägen sie sich ein und schaffen es, punktgenau ihre Mahlzeiten von uns einzufordern. »Könnt ihr eigentlich die Uhr lesen?«, habe ich irgendwann mal meine Hunde gefragt, die spätestens um 18 Uhr jeden Tag beginnen, durch aufgedrehtes Herumgekaspere meine Aufmerksamkeit zu erheischen. Hunde checken, vereinfacht gesagt, den Stand der Sonne, die Lichtverhältnisse draußen und gleichen diese mit ihren Daten und dem Biorhythmus ab. Das Ergebnis ist fast so genau wie die Cäsium-Atomuhr der Physikalisch-Technischen Bundesanstalt in Braunschweig. Die Frage ist also: Wann schadet menschliche Routine der Mensch-Hund-Beziehung und wie kann man die negative Macht der Gewohnheit umgehen?

Aus Routinen Rituale machen

Der Unterschied zwischen Routine und Rituale beginnt damit, dass wir der Handlung eine Emotion oder ein besonderes Gefühl hinzufügen. Wer seinem Wauwau jeden Tag pünktlich um 18.30 Uhr den Fressnapf vor die Nase knallt, auch wenn dieser anstatt mit schnödem Trockenfutter mit liebevoll dekorierten und streng ayurvedisch gekochten Leckereien gefüllt ist, steckt irgendwann mal in der Routine fest. Machen Sie das Füttern lieber zu einem Ritual!

Es ist der ideale Moment, mit dem Hund an der Impulskontrolle zu arbeiten: Absitzen lassen, Konzentration, Napf hinstellen, abwarten und erst auf ein Signal hin freigeben.

Überraschend sein

In jedem von uns steckt ein kleiner Gewohnheitsmensch. Wenn sie die Haustür hinter sich schließen, gehen die meisten Menschen immer in dieselbe Richtung – nach links oder rechts. Für einen Hund ist die gleiche Gassistrecke nach einer Weile genauso nervig, wie wenn wir uns jeden Tag immer die gleiche Playliste anhören, immer denselben Film ansehen würden. Ja, es ist toll, irgendwann mal den Text aller Songs auswendig mitsingen zu können. Aber irgendwann nervt es auch. Genauso ergeht es unseren Schnuffelnasen. »Impulse, ich will neue Impulse!«, schreit ihr Gehirn. Besonders Stadthunde haben es schwer, mal etwas anderes als Asphalt oder den immer gleichen Park unter die Nase zu bekommen. Mindestens zweimal die Woche tief in den Wald oder ans Wasser ist für einen Hund wie Urlaub für die Seele. Mit einer Million neuer Gerüche, Moleküle und Geräusche, die es zu entdecken gibt. Wer sich das nicht regelmäßig zutraut: Manchmal reicht es schon – Überraschung! –, wenn die Haustür hinter uns ins Schloss fällt und wir einfach mal die andere Richtung einschlagen.

Nicht vorhersehbar zu sein, sich von alten, verkrusteten Routinen zu trennen und seinen Hund immer wieder positiv zu überraschen hat am Ende aber noch eine viel wichtigere Wirkung auf das Zusammenleben: Wir bleiben spannend und somit attraktiv. Wer der Gewohnheit entflieht, erneuert dadurch indirekt die Bindung. Denn nirgendwo fühlen sich Hunde mehr verstanden und geliebt als bei einem Partner, der im Team entspannt, aber bestimmt den Weg vorgibt. Der sie immer mal wieder mit neuen, faszinierenden Dingen verblüfft, ihnen etwas Neues beibringt und sich über die gemeinsamen Erfolge freut. Das kann auch Obedience sein, wie Maurice und Atos gezeigt haben.

DAS KÖNNEN SIE ALS GEWOHNHEITSMENSCH AUS DER SPIEGELUNG LERNEN UND FÜR SICH SELBST MITNEHMEN

- Wagen Sie neue Dinge. Was wollten Sie schon immer mal tun?
- Geben Sie Verantwortung ab, z. B. indem Sie im Restaurant Ihren Partner/Ihre Partnerin oder Freunde Ihr Essen aussuchen lassen.
- Sehen Sie Veränderung als etwas Positives. Leben ist Wachstum.
- Werden Sie lockerer. Verzichten Sie bewusst auf Wörter wie »nein«, »falsch«, »kann nicht« oder »solltest nicht« und sagen Sie stattdessen öfter »okay«, »Probieren wir's!«, »Lass es uns rausfinden!« oder »Was denkst du?«.

TYP 2: DER SELBSTLOSE ALTRUIST

Irgendwie landen Hunde aus schwierigen Verhältnissen immer wieder beim gleichen Menschenschlag. Dabei ist Mitleid das Letzte, was diese Fellnasen brauchen, denn es macht sie nur noch unsicherer.

Geben ist seliger denn Nehmen.« Schon mal gehört, diesen Spruch aus der Bibel? Die Bedeutung ist klar: Wer bereit ist, anderen etwas zu geben oder Gutes zu tun, wird verehrt und ist auf jeden Fall besser dran als jemand, der auf Hilfe angewiesen ist. In vielen Religionen ist das Prinzip der Hilfsbereitschaft tief verwurzelt. Die Message ist ein Versprechen – dass man irgendwann einmal zurückbekommt, was man an guten Werken so vollbracht hat. Ich muss zugeben: Ich bewundere Menschen, die selbstlos und ohne Rücksicht auf ihre eigenen Belange ihren Mitmenschen helfen. Und ich verehre Menschen, die sich uneigennützig für Tiere in Not einsetzen, ohne groß eine Gegenleistung zu erwarten.

MARLIES UND LUNA ODER: RAUS AUS DEM SCHNECKENHAUS

Es war dieser leere Blick, die wässrig blassen Augen, an den Lidern leicht gerötet, wie nach tagelangem Weinen. Ein Blick, der über den Betrachter hinauszugleiten schien, ins Nichts. Voller Hoffnungslosigkeit, unglaublich verletzt! Marlies hatte bestimmt schon eine Stunde vor ihrem Laptop gesessen und wie in Trance Hunderte von Fotos einer aus Spanien operierenden deutschen Tierrettungsorganisation durchgesehen. Traurige, teils verstörende Aufnahmen von

Hunden in einem der vielen Tierheime und Auffanglager auf den Kanarischen Inseln. Doch plötzlich stockte der Lehrerin der Atem. Ihre Brust schnürte sich förmlich zusammen, es fiel ihr schwer, Luft zu holen. Was war los mit ihr?

Marlies' Pudeldame Edda lag unter dem Schreibtisch und schickte einen Kontrollblick hoch zu ihrem Frauchen. »Na, alles in Ordnung mit dir?« Das Bild, das diese heftige Reaktion bei Marlies ausgelöst hatte, stand immer noch unverändert im geöffneten Browser. Von der Bildaufteilung und der Machart her war es eigentlich unspektakulär. Ein schneller Schnappschuss, an den Rändern leicht verwackelt, zeigte es eine Podenco-Hündin, die sich in die hintere Ecke ihres Zwingers zurückgezogen hatte. Ihr Körper hatte sichtlich gelitten. Der tägliche Kampf um Nahrung hatte sie ausgelaugt. Das sonst rehbraune glänzende Fell hing wie ein stumpfer, schmutziger Mantel über ihrem dürren, angespannten Körper. Die weißen Vorderpfötchen waren mit Dreck und Körperausscheidungen verschmiert und nur noch zu erahnen. Lediglich die weichen großen Ohren waren aufrecht gespitzt und der grazile, schmale Kopf hob sich leicht über der weiß gefleckten Brust. Es schien, als ob ihre feine rosa Nase zu irgendetwas, zu irgendjemand Witterung aufnehmen wollte. Wie ein Grashalm, an den sich die Podenca zu klammern suchte, obwohl sie mit ihrem Leben schon abgeschlossen hatte. Das alles hatte Marlies beim Betrachten des Fotos gedacht und sich dabei sehr schmerzlich an ihre eigene Lebensgeschichte erinnert.

Marlies' Mutter war früh gestorben und der Vater hatte schnell eine neue Frau geheiratet. In den 1960er-Jahren wollten Männer hauptsächlich den Haushalt und die Kinder versorgt wissen. Und ein Witwer mit Kind war damals zwar nicht die erste Wahl, aber für einige Frauen die letzte Chance, selbst versorgt zu werden. So dauerte es nicht lange, bis die Stiefmutter zu Hause einzog und im wahrsten Sinne des Wortes mit »harter Hand« regierte. Ihren verbalen Demütigungen folgten Strafen und den Bestrafungen irgendwann Schläge. Marlies ertrug die Quälerei all die Jahre, ohne sich zu wehren. »Was habe ich denn als Kind schon für eine Chance? Niemand wird mir glauben«, dachte sie. Und geplagt von Schuld, dem Gedanken, nicht gut genug zu sein, und ihrer ganzen Verletztheit und Traurigkeit zog sie sich immer mehr in ihre eigene Welt zurück. In ihr großes düsteres Schneckenhaus.

Es fiel Marlies schwer, die Erfahrungen ihrer Kindheit aufzuarbeiten. Gefühle von Einsamkeit, Mutlosigkeit und Verzagtheit begleiteten sie noch immer, obwohl sie längst eine erwachsene Frau war. Hastig wischte sie sich eine kleine Träne aus dem weichen, sonst fröhlich wirkenden Gesicht und griff zum Telefon. Diese Hündin hier sollte es besser haben!

Luna teilte das gleiche Schicksal wie viele Podencos und Galgos in Spanien: Sie wurde gezüchtet, um zu sterben. Von ihren Besitzern, Jägern, werden Podencos zur Hasenjagd eingesetzt und als reine Nutztiere gesehen. Viele der sensiblen Geschöpfe vegetieren in Verschlägen vor sich hin, werden ausgesetzt oder umgebracht, wenn sie die Erwartungen nicht erfüllen. Nur wer Erbarmen hat, bringt die Hunde in ein Tierheim oder eine Rettungsstation. So war es auch Luna ergangen. Jetzt zitterte sie am ganzen Leib, ihre Ohren eng nach hinten gelegt, drückte sie ihren dürren Hundekörper in Marlies' Arme.

Unsicherheit vertreibt keine Unsicherheit

Sieben Monate nach diesem denkwürdigen Tag besuchte ich Marlies und ihre beiden Fellnasen zu Hause in Süddeutschland. Marlies, mit ihren Nerven am Ende, hatte mich um Hilfe gebeten. Was ich allerdings erst bei meinem Besuch erfahren sollte, machte mich kurz fassungslos und ließ die Situation, in der sie sich befand, in einem völlig neuen Licht erscheinen: Seit unserem letzten Telefonat hatte sie, selbstlos wie sie war, noch einen zweiten Hund aus dem Ausland adoptiert und zusätzlich im oberen Stockwerk ihres Hauses auch noch drei Katzen untergebracht. Kein Wunder, dass sich das Zusammenleben mit Luna immer schwieriger gestaltete. Ein Drama folgte dem nächsten und die Verunsicherung auf beiden Seiten wuchs ins Unermessliche. Es war katastrophal. Aber was war genau los?

Marlies und Luna kamen nicht miteinander zurecht. Mittlerweile aufgepäppelt und schnell zu Kräften gekommen, betrat die Podenca mit ihrem neuen Lebensmenschen eine völlig neue Welt. Zu Hause entspannt, verschmust und zutraulich, verhielt sich die Hündin draußen wie ein anderer Hund. Plötzlich war alles unheimlich und angsteinflößend. Bei Menschen reagierte die Hündin besonders scheu. Schreckhaft sprang sie in die Leine, zerrte und zog und mit ihren knapp 20 Kilo Gewicht am Geschirr musste Marlies oftmals ganz schön dagegensteuern, was sie sichtlich überforderte. Spaziergänge wurden für Marlies zum kräftezehrenden Spießrutenlaufen und deshalb immer seltener. Auch das Alleinebleiben gestaltete sich aus Marlies' Sicht chaotisch. Seitdem Luna begonnen hatte, herumliegende Sachen, wie Bücher oder Zeitschriften, zu zerkauen, blieb Marlies meist daheim und sagte Verabredungen ab. Mit ihrer geretteten Hündin gemeinsam entspannt die Welt zu entdecken, gemeinsam etwas zu unternehmen oder einfach mal in die Stadt zu gehen war undenkbar geworden. »Das würde Luna komplett überfordern. Da bekommt sie sofort Panik und den Stress will ich ihr nicht zumuten.« Lunas Leben war also zur Eintönigkeit verdammt.

»Wie würdest du die Situation deiner Hündin beschreiben?«, fragte ich Marlies. »Sie ist freundlich und zurückhaltend, aber auch unsicher. Sie hat Angst vor der Welt und muss langsam ihr Trauma verarbeiten«, kam es wie aus der Pistole geschossen. »Eigentlich dachte ich, du beschreibst Luna und nicht dich«, erwiderte ich behutsam. Marlies sah mich verwundert mit wachen Augen an und ich ahnte, dass meine Antwort in ihr etwas losgetreten hatte. Fakt war, Marlies und Luna befanden sich in einer ausweglosen Situation, aus der sie ohne den professionellen Blick von außen nicht mehr herauskommen würden.

Marlies' Leben hatte mit ihrer alten Pudeldame Edda Routine bekommen und so sehnte sie sich nach neuen Impulsen. Raus aus der Komfortzone, neue Dinge entdecken. Beim Betrachten der Bilder im Internet hatte sie sich, wie sie selbst sagte, aus unerklärlichen Gründen, in Luna verliebt. »TRIGGER-WARNUNG FÜR MARLIES!« hätte in diesem Moment am Monitor in Großbuchstaben aufblinken müssen.

MANCHMAL SEHEN WIR IN HUNDEN DAS, WAS WIR SELBST ERLEBT HABEN. DAS BEDEUTET ABER NICHT, DASS WIR UNS DER VERGANGENHEIT OFFEN STELLEN UND NEUE WEGE GEHEN.

Ja, ich kann diesen besonderen Moment, der da für Marlies entstand, wirklich nachfühlen. Dieser eine Schnappschuss der so ungeheuer verwundbar wirkenden Podenca stieß eine Tür zu ihrem eigenen Unterbewusstsein auf, die seit Jahrzehnten verschlossen war. Sie fühlte Lunas Ängste, verstand ihre Zurückgezogenheit, die Traurigkeit in ihrem Blick und die Einsamkeit, die jede Faser ihres zarten Körpers widerspiegelte, weil sie diese Gefühle nur allzu gut kannte. Sie hatte es schließlich selbst oft genug erlebt. Und da ist er wieder, der geheimnisvolle Moment der Spiegelung. Allerdings bedeutet das In-alte-Wunden-Hineinfühlen noch lange nicht, dass man auch bereit ist, diese Dinge wirklich anzugehen.

Ohne es sich bewusst zu sein, hatte Marlis damals nicht grundlos auf einer Podenco-Seite gestöbert. Bei der mittlerweile unüberschaubar großen Zahl an privaten und teils öffentlichen Vermittlungsorganisationen hätte es statistisch eigentlich jeden Hund treffen können. Die grazilen Beutehetzer, die sprinten und springen, schneller, als ein Feldhase einen Haken schlägt, und dabei doch so sanft, sensibel und charakterstark sind, übten auf Marlies jedoch schon lange eine verborgene Faszination aus. Ausbrechen aus der Vergangenheit, raus in die Natur. Sich endlich freilaufen, befreit fühlen von den Schatten der Vergangenheit. Marlies' Unterbewusstsein war auf der Suche nach neuen Impulsen und Luna hatte das Zeug, ihr tatsächlich einiges davon zu ermöglichen.

Können diese Augen lügen? Hunde können uns dabei helfen, Schwächen und Verletzungen hinter uns zu lassen. Wir müssen aber auch bereit sein zur Innenschau und uns nicht nur vom Mitleid leiten lassen.

Mir war schnell klar, warum Luna nach über einem Jahr ihr Potenzial noch immer nicht auch nur ansatzweise entfalten konnte. Die Spiegelungen wurden immer wieder zurückgeworfen: Unsicherheit vertreibt keine Unsicherheit, Ängste lösen keine Ängste, sondern verstärken sie und das Gefühl der Einsamkeit kann durch Rückzug nicht durchbrochen werden. Klar, für Luna war die neue Welt, in der sie fortan lebte, eine echte Herausforderung. Sie, die bisher nur Verschläge und einen Käfig im Freien kannte, residierte jetzt in einem Haus mit Teppichen und großem Garten. Die Hälfte ihres Lebens war sie weggesperrt gewesen, jetzt unternahm sie dreimal am Tag Spaziergänge. An Sicherheitsgeschirr und Leine sollte Luna die unheimlichsten Begegnungen, ob mit unbekannten Objekten, Artgenossen oder anderen Lebewesen, entspannt und souverän wegstecken. Doch dazu braucht es Sicherheit und Stärke – und genau davon konnte Marlies Luna von Anfang an nichts bieten.

»Wie soll ich das machen?«, fragte mich Marlies resigniert. »Stell dir vor, du gehst mit einer Freundin durch einen dunklen, wirklich dunklen Wald«, antwortete ich ihr. »Überall knackt und raschelt es. Ihr haltet euch an den Händen und bei jedem Knacken der Äste, bei jedem Rascheln der Blätter zuckst du vor Angst zusammen. Bei welchem Typ von Freundin würdest du dich wohler fühlen? Bei der, die sich mit dir erschrickt, deine Angst versteht und ruft: ›Oh mein Gott, hoffentlich kommen wir hier lebend raus!‹? Oder bei der, die dich fest an der Hand nimmt, dich zügig mit nach vorne zieht und sagt: ›Komm weiter, wir schaffen das, da vorne sehe ich schon Licht!‹?« »Das bin ich aber nicht«, entgegnete mir Marlies erschöpft. »Ich weiß«, machte ich ihr Mut, »aber das könntest du sein.«

Der Weg zu sich selbst

Wenn es der pensionierten Lehrerin wirklich ernst war damit, sich auf Lunas Bedürfnisse einzulassen, musste sie die eigene Spiegelung akzeptieren. Dazu gehörten ab sofort behutsame Ausflüge in die Stadt, die wöchentlich wiederholt und in ihrer Intensität gesteigert wurden. Dabei gab Marlies Luna nur Rückendeckung, zwang sie zu nichts und die Hündin bestimmte das Tempo. Luna machte dabei immer wieder die positive Erfahrung, dass Marlies ihr Bedürfnis nach Schutz ernst nahm, und lernte dadurch, ihr zu vertrauen. So baute sich langsam Bindung auf.

Windhundgene waren in Lunas DNA massenweise vorhanden, deshalb machte Bewegung sie glücklich. Und so stand dreimal die Woche eine kleine Fahrradtour an. Nach einer kurzen Eingewöhnungsphase gab es für die Podenca nichts Müheloseres, als neben ihrem Frauchen zu laufen und sich den

Wind um die Nase wehen zu lassen. Hundebegegnungen ohne Leine im Auslauf gaben Luna in Anwesenheit ihres Frauchens immer mehr Selbstvertrauen. Und technisches Training wie »Lockere Leine« oder leichte Dummyarbeit vertieften die Bindung der beiden und woben ein unsichtbares Band aus Vertrauen, Schutz, Sicherheit und Liebe. Immer öfter war Luna so entspannt und müde, dass sie erschöpft schlief, wenn Marlies endlich ihr Schneckenhaus verließ, um mal wieder einen Kaffee trinkenzu gehen.

Die regelmäßigen Treffen mit ihren alten Freunden und Bekannten taten Marlies gut. Sie fühlte sich nicht mehr so isoliert und alleine und konnte ihre Erlebnisse, Sorgen und Unsicherheit in Bezug auf Luna teilen. Als sie eines Abends mal etwas später als gedacht nach Hause kam, hatte sie kurz Bedenken, welches Chaos sie gleich erwarten würde. Vorsichtig steckte sie den Schlüssel ins Schloss und öffnete leise die Tür. Alles in ihrer Wohnung stand noch am gleichen Platz und war intakt. Luna und Edda lagen zusammengerollt auf einer Decke auf der Couch.

Für Marlies hatte sich der Blick auf ihr inneres Selbst gelohnt. Ohne Luna hätten ihr die richtigen Werkzeuge gefehlt, an ihrer Persönlichkeit zu arbeiten. Denn Luna war dieses Werkzeug. Luna forderte von Marlies eine Entscheidung. Damit sie ihrer Fellnase auf ihrem Weg helfen und sie unterstützen konnte, musste Marlies versuchen, sich selbst zu erkennen und zu vertrauen. Allein das erfordert Stärke. Im Training und bei der Umsetzung von Lunas artgerechten Bedürfnissen verließ Marlies ihr Schneckenhaus immer öfter. Sie machte die Erfahrung, dass sie durchaus mutig nach vorne treten kann, um ihrer Hündin Schutz und Sicherheit zu vermitteln. Sie brauchte sich nicht mehr zu verstecken. Unsere Schwächen zu erkennen und zu hinterfragen macht es uns erst möglich, authentisch zu sein. Genau das brauchte Luna. Genau das braucht jeder Hund.

WIR MÜSSEN NICHT NUR UNSERE HUNDE, SONDERN MANCHMAL AUCH UNS SELBST FEST AN DIE HAND NEHMEN UND SICHER DURCHS LEBEN LEITEN.

Und Marlies? Durch die Arbeit mit Luna wurden bei ihr zahlreiche alte Wunden aufgerissen, die jetzt endlich, auch dank professioneller psychologischer Hilfe, langsam zu heilen anfingen. Die alte Marlies, so wie sie sich damals auf dem Bild von Luna gesehen hat, verblasst langsam. Und aus der Spiegelung tritt immer mehr ihr neues Ich. Das befreit ist, gern in der Natur die beruhigende Kraft des Windes spürt und, obwohl zart und sensibel, trotzdem charakterstark und selbstständig ist. Und nein, jetzt habe ich nicht Luna beschrieben, sondern Marlies.

LEBENSMOTTO HILFSBEREITSCHAFT

Armut ist in Deutschland ein immer größeres Problem. Allein die Zahl der Wohnungslosen hat sich in den letzten zehn Jahren verdoppelt. Für Menschen am Rand der Gesellschaft ist nicht selten ein Tier der letzte Halt. Deshalb habe ich eine große Fernsehdokumentation dem Thema Tierarmut in Deutschland gewidmet. In Deutschland gibt es, im Vergleich zu vielen anderen Ländern in Europa, ein gutes System aus sozialen Sicherungsnetzen. Wenn es um die Versorgungsmöglichkeiten der Haustiere geht, ist es jedoch oft nicht engmaschig genug. Ich habe Menschen getroffen, die auf dieses Problem eine klare, leider auch unempathische Antwort haben: »Wenn das Geld am Ende des Monats nicht reicht, dann kann ich halt kein Haustier halten.« Oder: »Was braucht ein Obdachloser einen Hund? Ist doch Tierquälerei, die ganze Zeit da draußen unter unwürdigen Verhältnissen.« Was diese Menschen vergessen, ist die Tatsache, dass ein Tier gerade für jemanden im gesellschaftlichen Abseits oft die einzige zuverlässige, treue Konstante im Leben ist. Das einzige Wesen, das ihm zuhört, das man in den Arm nehmen und mit dem man seine Gedanken und Sorgen teilen kann. Wie sehr hat mir deshalb die Arbeit der vielen Tiertafeln, Tiernothilfen und freiwilligen Helfer imponiert. Menschen, die diese unglaubliche Gabe besitzen, sofort einzuspringen und zu helfen, wenn Hilfe gebraucht wird, sind für mich ein großes Vorbild und inspirieren durch ihr Tun andere. Ich kann mir gut vorstellen, wie sehr selbstlose Menschen gerade das kleine Glück im Leben zu schätzen wissen, weil sie oft mit der anderen Seite konfrontiert sind.

TEST: SIND SIE ZU SELBSTLOS?

Wenn Sie mehr als drei Aussagen mit Ja beantworten, könnte der Auslöser für die Probleme mit Ihrem Hund sein, dass Sie ein altruistischer Typ sind.

	Ja	Nein
• Sagen Sie spontan Ja, wenn man Sie um einen Gefallen bittet?	☐	☐
• Können Sie sich sehr gut in andere hineinversetzen?	☐	☐
• Machen Sie anderen sehr gerne eine Freude?	☐	☐
• Nutzen Sie nur einen kleinen Teil Ihrer Freizeit für sich allein?	☐	☐
• Zählen Geld, Freiheit, Luxus, Status für Sie eher nicht?	☐	☐
• Haben Sie nur wenig Zeit für einen Freundeskreis?	☐	☐
• Achten Sie sehr darauf, dass Sie anderen gegenüber fair sind?	☐	☐
• Arbeiten Sie regelmäßig ehrenamtlich?	☐	☐
• Sind Sie gerne großzügig, ohne eine Gegenleistung dafür zu bekommen?	☐	☐
• Lieben Sie es, anderen zu helfen?	☐	☐

Helfen hilft auch zu verdrängen

Es gibt tatsächlich ein »Hilfegen«. COMT-Val heißt es und enthält die Bauanleitung für einen Botenstoff, der im Gehirn erzeugt wird: Dopamin, das Glückshormon. Bei Menschen, die über ein COMT-Val-Gen verfügen, arbeitet das dazugehörige Enzym bis zu viermal effektiver. Danach fühlt man sich wohl, Wissenschaftler haben dieses gute Gefühl nach einer guten Tat »The warm glow« genannt. Warum es Menschen gibt, deren ganzes Denken darum kreist, Gutes zu tun? Dopamin macht süchtig. Diese Menschen können also gar nicht mehr anders. Die Psychologie kennt noch andere Auslöser für eine zwanghafte Hilfsbereitschaft: ein schwaches Selbstwertgefühl, fehlende Anerkennung bereits in der Kindheit, das Gefühl, nicht gesehen und gebraucht zu werden, oder der Wunsch nach Dankbarkeit. So entsteht schnell ein Abhängigkeitsverhältnis, aus dem es kein Entrinnen zu geben scheint. Der Drang zu helfen macht plötzlich krank. Menschen, die zwanghaft anderen helfen müssen, neigen zu mehr Erschöpfung und Depressionen, was wiederum zu Schuldgefühlen und Angstzuständen führen kann. Ich weiß aus Gesprächen mit vielen Tierschutzprofis, dass ihre Arbeit ein ständiger Balanceakt ist zwischen helfen wollen und helfen müssen. Das kann echt belastend sein. Sie können nicht alle Tiere retten und auch Wunder sind nicht immer zu erwarten. Die Mitarbeiter von Tierheimen, Tierschutzvereinen und vieler seriöser Organisationen sind intern deshalb immer im fachlichen Austausch, führen Gespräche oder Supervision, um ihre Gefühle verarbeiten zu können. Wie geht es aber den Menschen draußen in der Welt? Jeden Tag werden wir mit schrecklichen Fotos und Videos von verwahrlosten, traumatisierten und teils verletzten Hunden auf sozialen Netzwerken konfrontiert. Wer auch nur einmal einen dieser Filme angeklickt und in die tieftraurigen, hoffnungslosen Augen dieser Hunde geblickt hat, bekommt die Bilder nur schwer wieder aus dem Kopf, so wie Marlies. Auch deshalb, weil er täglich in seiner Timeline mit neuen mitleiderregenden Nachrichten versorgt wird. Ein Algorithmus des Leidens. Bewusst ins Netz gestellt, um möglichst viel Mitleid zu erzeugen und durch Sätze wie »Wenn DU mich nicht rettest, werde ich nächste Woche getötet« gehörig unter Druck zu setzen. Eine Tieradoption ist aber nichts, was unter Druck geschehen sollte, sondern gut überlegt. Das Wohl des Hundes sollte im Vordergrund stehen. Seriöse Organisationen machen keinen Druck. Es ist nicht im Sinne des Hundes, ihn einfach nur zu vermitteln, egal wohin, egal zu wem – und mit dem Risiko, wieder verlassen zu werden und im

SCHWACH UND HILFSBEDÜRFTIG SCHEINENDE HUNDE LANDEN OFT BEI ALTRUISTEN. ZUFALL ODER SPIEGELUNG?

Straßenverkehr gehört zum Leben heute einfach dazu. Deshalb muss auch der verängstigtste Hund lernen, damit zurechtzukommen – mit unserer Hilfe!

Tierheim zu landen. Ich stelle mir gerade vor, wie es Menschen mit einer altruistischen Lebenseinstellung dabei ergeht. Die niemand haben, der ihnen beim Verarbeiten der traurigen Bilder hilft oder der sie beim Gedanken an eine Adoption professionell berät.

Extrem selbstlos veranlagte Menschen suchen sich oft Hunde aus, die extrem schwach und hilfsbedürftig erscheinen. Besonders schüchterne, zerbrechlich wirkende oder kranke Tiere schrecken diesen Typ Mensch nicht ab, sondern appellieren geradezu an sein Mitgefühl. Wo andere sich vermutlich abwenden, ist er voller Empathie und Verständnis. Diese Charaktereigenschaft gibt ihm die Möglichkeit, sich besonders tief in die emotionale Situation des Hundes hineinzufühlen. Rationale, ganz objektive Überlegungen werden jedoch häufig verdrängt: Was braucht dieser Hund wirklich? Passt er aufgrund seiner Genetik und der daraus resultierenden Bedürfnisse wirklich zu mir? Habe ich Zeit, Mittel und Erfahrung, von Tag eins seiner Ankunft und über die Eingewöhnungsphase hinaus ihm ein Leben lang ein guter Partner zu sein? Wer sich um traumatisierte, extrem schüchterne Hunde kümmert, leistet Großes im Tierschutz. Falsch gelebte Selbstlosigkeit kann jedoch in eine Katastrophe führen.

GEMEINSAM AN PROBLEMEN ARBEITEN

Wer wie Marlies extreme Selbstlosigkeit lebt, fühlt sich vielleicht oft allein und isoliert. Im Freundeskreis und in der nächsten Umgebung versteht man die Hilfsbereitschaft nicht, denn meist fehlt es an Sensitivität und Empathie. Wer sich übermäßig nur um andere kümmert, hat außerdem wenig Zeit für sein eigenes Leben, Freunde oder Familie. Und er wird schnell als »kauzig« oder »sozial nicht so ganz kompatibel« abgestempelt. Dementsprechend fühlen sich übertrieben hilfsbereite Zeitgenossen oft alleine gelassen und der Satz »Hunde sind die besseren Menschen« geht ihnen schnell über die Lippen. Dabei ist es bestimmt nicht falsch, die Zügel ab und an ein bisschen lockerer zu lassen. Loszulassen – auch von den eigenen Gewohnheiten.

Wer den Drang verspürt, ständig helfen zu müssen, für den sind die ersten Schwierigkeiten im Zusammenleben mit einem Hund aus dem Tierschutz oder aus schwierigen Verhältnissen vorprogrammiert. Was kann man also tun, um diesen Kreislauf zu unterbrechen? Das Thema ist sehr komplex und deshalb kann ich hier auch nur einige praktische Denkansätze bieten.

Loslassen lernen

Extreme Selbstaufopferung – das ist wie in der Beziehung zwischen zwei Menschen – kann dazu führen, dass man einen ohnehin schon unsicheren Hund in seiner Entwicklung einengt und immer unselbstständiger macht. Luna war ein Paradebeispiel für eine extrem unsichere und ängstliche Hündin aus dem Ausland. Sie wollte nicht raus, sprang vor Panik in die Leine, zog sich zurück, knurrte, wenn man ihr zu nahe kam und konnte schwer Bindung aufbauen.

Eine Frage, die in diesem Zusammenhang immer auftaucht, lautet: Wie bekommt man einen ängstlichen oder traumatisierten Hund aus der Angst? Man muss ihn doch aus seiner Hilflosigkeit irgendwie befreien können! Der Zwang, helfen zu müssen, baut Druck auf – und das ist genau der falsche Ansatz. Denn diese Hunde brauchen Zeit, sie geben das Tempo vor, wie lange es dauert, bis sie sich auf ihren Menschen einlassen können. Hier kann ein altruistisch veranlagter Mensch gut lernen loszulassen. Es erfordert Geduld und Fingerspitzengefühl, den Hund in die Balance zu bringen – zwischen in Ruhe lassen, aktiv motivieren und ihm auch einfach mal Dinge zuzumuten. Übrigens besitzen, das ist meine Erfahrung, empfindsame Menschen hier viel mehr Fingerspitzengefühl und Geduld als zu forsche Zeitgenossen. Die sind oft der Meinung, man solle die Unsicherheit eines ängstlichen Hundes einfach souverän ignorieren. So nach dem Motto: »Ach komm, jetzt stell dich nicht so an. Da musst du jetzt durch und dann geht das schon.«

Die Angst nicht ignorieren, sondern an ihr arbeiten

Wer wie Marlies selbstlos motiviert einen ängstlichen oder extrem unsicheren Hund aufnimmt, weil er sich in ihm wiedererkennt, ist bei Problemen schnell überfordert. Klar, dass einem dann alles über den Kopf wächst und man aus Liebe und Fürsorge nur noch Schadensbegrenzung betreibt, aber nicht in der Lage ist, gemeinsam mit dem Hund an der Ursache seiner Angst zu arbeiten.

Wenn es darum geht, die Angst nicht zu ignorieren und aufzugeben, sondern an ihr zu arbeiten, steht Vertrauenschaffen an erster Stelle. Ängstlichen Hunden fällt es schwer, sich auf einen Menschen einzulassen. Die Beziehung steht noch auf sehr wackeligen Beinen und kann schon durch eine winzige Kleinigkeit erschüttert werden. Ich empfinde es deshalb als unglaublich wichtig, dass Hundehalter dazu in der Lage sind, das Ausdrucksverhalten eines Hundes lesen zu können. Nur so erkennt man nämlich rechtzeitig, wann er an seine Grenzen kommt. Das wiederum schafft beim Hund Vertrauen, denn er merkt, dass seine Kommunikationssignale verstanden und seine Bedürfnisse respektiert werden. Und dieses erste Gefühl der Sicherheit ist die Grundlage für eine immer stärker werdende Bindung.

Trennungsängste überwinden

Übergroße Sorge, Mitleid und Mitfühlen können eine brisante Mischung werden. Denn man gerät schnell in ein Vermeidungsmuster und traut dem Hund viel zu wenig zu. Die Angst, den Hund wieder zu verlieren, ist immer präsent. Klar, man will auf jeden Fall verhindern, dass ihm etwas Schlechtes geschieht. Schon wieder etwas Schlechtes. Deshalb entwickeln Hunde bei extrem hilfsbereiten und selbstlosen Menschen oft Probleme mit dem Alleinebleiben – einfach, weil es den Menschen schwerfällt, den Hund alleine zu lassen. Ab dem Moment, wo der Auslandshund aus seiner Box in der Wohnung ankommt, wird er betüddelt und umsorgt. Man lässt ihn keine Sekunde aus den Augen. Ständig sieht man nach ihm und ist bei jeder Regung gleich zur Stelle. Diese Hunde sind nie alleine und können es daher später auch nur noch sehr schwer lernen. Kurzum: Hier stehen uns unsere eigenen Verlustängste im Weg. Die klassische Spiegelung. Ein prima Moment, dem entgegenzuwirken. Denn entgegen unserem Gefühl, den armen Hund aus dem Tierheim oder Shelter nicht alleine lassen zu können, sind diese Hunde die Zweisamkeit mit Menschen meistens überhaupt nicht gewohnt. Kaum einer von ihnen hatte bisher die Chance, sich enger an Menschen zu binden. Deshalb kennen sie auch das Gefühl von Trennung und Vermissen des Bindungspartners noch nicht. Das baut sich mit der Zeit erst auf.

Man kann seinen Neuankömmling von Tag eins des Einzugs ruhig mal für ein paar Minuten alleine lassen. Von enormem Vorteil ist es dabei, dem Hund zum Stressabbau genügend Kausachen wie Kaustangen oder einen mit Futter gefüllten Kong anzubieten, um ihm die Zeit so angenehm wie möglich zu gestalten. Starten Sie außerdem die Übung immer dann, wenn der Hund entspannt und müde ist, zum Beispiel nach einem ausgiebigen Spaziergang.

Raus aus der Komfortzone

Viele Hunde aus dem Auslandstierschutz können und dürfen anfangs nicht von der Leine gelassen werden. Das liegt daran, dass sich oft nur schwer nachvollziehen lässt, welche Erfahrungen sie in der Vergangenheit gemacht haben. Oft genügt ein kleiner Schreckreiz und der Hund gerät in Panik. Er flüchtet und damit besteht die Gefahr, dass er vor ein Auto läuft oder sonst wie zu Schaden kommt. Aus diesem Grund machen es Tierheime und verantwortungsvolle Organisationen zur Auflage, dem Hund zu seinem eigenen Schutz ein spezielles Sicherheitsgeschirr anzulegen. Dieses dreistufige Geschirr ist so konzipiert, dass sich ein Hund selbst eigentlich nicht daraus befreien kann (wobei es wahre Houdinis oder Entfesselungskünstler unter den Hunden gibt).

An sicheren Orten gemeinsam das »Abenteuer« Freilauf zu üben stärkt auch die Bindung.

Einige Besitzer schaffen es aber auch nach der Eingewöhnungsphase nicht, den Hund an den Freilauf zu gewöhnen. Sie trauen sich nicht, die Leine gegen eine Schleppleine zu tauschen, und haben Angst davor, in einem abgesicherten Bereich mit dem Hund am Rückruf und an der Orientierung am Menschen zu arbeiten. Dabei sind das enorm wichtige Schritte, um das Vertrauen und die Bindung zu etablieren. Es bedeutet aber auch, die eigene Komfortzone zu verlassen, rauszugehen und aktiv nach Möglichkeiten zu suchen, wo sich das gefahrlos trainieren lässt.

Besonders Menschen, die sich schnell in ängstliche oder unsichere Hunde verlieben, tut es gut, sich bewusst zu machen, dass diese Hunde fast immer professioneller Unterstützung bedürfen. Der neutrale, erfahrene Blick eines spezialisierten Trainers ermöglicht es, den Hund aus einer anderen Perspektive zu betrachten. Ich rate immer, sich Unterstützung von dort zu holen, wo man selbst ein gutes, sicheres Gefühl hat. Wo man Vertrauen entwickeln kann – in den Menschen und die Trainingsmethode. Zusammen mit einem Profi ist es viel leichter, das ängstliche Verhalten eines Hundes richtig einzuordnen. Es geht darum, eine vertrauensvolle Basis zu schaffen. Sich von einem Trainer anleiten zu lassen ist für beide Parteien von Vorteil. Man lernt Übungen, die der Hund auch realistisch bewältigen kann, und das stärkt wiederum das Selbstvertrauen – auf beiden Seiten.

Unsichere oder ängstliche Hunde benötigen besonders viel Lob und positive Bestätigung und oft ist, besonders was die Tonalität betrifft, weniger mehr. Die leisen Töne wirken einfach besser. Und: Egal, wie stark die Unsicherheit und die Angst beim Hund ausgeprägt ist und wie groß die Motivation seines Menschen auch sein mag: Es ist Geduld gefordert! Schritt für Schritt tastet man sich von einem kleinen Erfolg zum nächsten. Ich habe festgestellt, dass es enorm hilft, auch kleine Erfolge festzuhalten und sich immer wieder an sie zu erinnern. Denn das ist eine große Stütze in Zeiten, in denen die Entwicklung gerade mal stockt. ,

DAS KÖNNEN SIE ALS SELBSTLOSER TYP AUS DER SPIEGELUNG LERNEN UND FÜR SICH SELBST MITNEHMEN

- Machen Sie sich immer wieder klar: Die beste Hilfe ist, wenn ich erreiche, dass Hilfe überflüssig wird.
- Achten Sie auf die Balance von Eigen- und Fremdfürsorge.
- Fangen Sie an über eigene Gefühle zu sprechen.
- Helfen Sie nur noch, wenn Sie gefragt werden.
- Üben Sie loszulassen: Machen Sie auch mal was ohne Ihren Hund.

Ein Hund kann immer nur so sicher sein wie sein Mensch – und genauso liegen Vertrauen und Selbstvertrauen nah beieinander.

TYP 3: DER HARMONIEBEDÜRFTIGE

Keiner mag unnötigen Streit. Aber wer es ständig allen recht machen will und jedem Konflikt aus dem Weg geht, verliert sich irgendwann selbst – und den Kontakt zu seinem Hund erst recht.

Hast du keine Feinde, hast du keinen Charakter.« Ich weiß nicht, wo ich diesen Satz das erste Mal aufgeschnappt habe. Mein erster Gedanke damals war aber: »Na ja, okay, aber wer hat schon gerne Feinde?« Liebe ist etwas Universelles. Aber mal ehrlich: Es kann einen nicht jeder lieben und es wird immer Menschen geben, denen wir es nicht recht machen können. Trotzdem bin ich davon überzeugt, dass (fast) jeder Mensch die tiefe Sehnsucht nach einem harmonischen Zusammenleben in sich trägt, nach einem Leben, in dem er nicht ständig Konflikte ausfechten muss. So wie Mona …

MONA UND ROCKA ODER: ES IST WICHTIG, AUCH GRENZEN ZU SETZEN

Es hatte seit drei Tagen fast ununterbrochen geregnet. Mona und ihre Freundin Kati hatten sich ihre letzten Urlaubstage auf Mallorca wirklich anders vorgestellt. Mona hatte zu Hause gerade richtig viel familiären Knatsch durchgemacht. Ihre Mutter Petra saß wegen Drogen im Knast. Diesmal war sie nicht mit einer Bewährungsstrafe davongekommen. Im Namen des Volkes! Mona konnte sich nur noch bruchstückhaft an den Moment erinnern, als der Richter im Amtsgericht das Urteil verlas. Seit Jahren schon hatte Petra Probleme mit dem Gesetz. Kleinere Bußgeldsachen, Einbrüche und Fahren unter Alkoholeinfluss.

Immer wieder lieh sie sich bei ihrer Tochter Geld oder setzte sie emotional unter Druck: »Du hast doch alles, Familie, Kinder! Deine heile Welt. Und ich, ich steck dauernd in der Scheiße, weil mir keiner hilft.« Mona schaffte es einfach nicht, den Kontakt zu Petra abzubrechen oder zumindest einzuschränken. Sie war nicht stark genug, Nein zu sagen, wenn es mal wieder um Geld oder eine falsche Aussage bei der Polizei ging. Das jahrelange emotionale Auf und Ab, die Enttäuschungen, seelischen Verletzungen und Ängste, ausgelöst und zugefügt von einem geliebten Menschen in der eigenen Familie, hatten die Energiereserven der lebenslustigen, patenten und fröhlichen Frau, selbst Mutter zweier Kinder, aufgebraucht. Akku leer! Genau aus diesem Grund wollten die beiden Freundinnen mal raus. Abschalten, einen Ortswechsel und mal so richtig die Seele baumeln lassen. Jeden Tag gechillt auf einem dick gepolsterten Liegestuhl vor sich hindösen und ab und an einen Schluck eiskalte Sangria schlürfen. Mona und Kati wussten, wie es geht. Sie kannten sich seit ihrer Schulzeit und diese Reise war nicht ihr erster gemeinsamer Urlaub. Diesmal aber hatten sich die beiden Kölnerinnen bewusst nicht für Partyurlaub entschieden, sondern ein kleines Hotel in der Bucht von Pollença gebucht. Der romantische Ferienort liegt ganz im Norden von Deutschlands 17. Bundesland, am äußersten Zipfel der Serra de Tramuntana. Schroff, romantisch und wie von den Göttern geschaffen erstrecken sich geheimnisvoll duftende Pinienwälder bis an die wilden Strände und kleinen Buchten der schroffen Küste, die mit ihrem kristallklaren Wasser Touristen und Einheimische zum Baden einladen. »Aber«, meckerte Mona genervt, »bei dem Regen ist es egal, ob ich in Pollença versauere oder daheim am Rheinufer. Meine ganze Bräune geht wieder weg, wenn das hier so weiterregnet.«

GELEGENHEIT MACHT DIEBE, HEISST ES – UND MANCHMAL MACHT SIE UNS AUCH ZU HUNDEBESITZERN WIDER WILLEN. ABER STIMMT DAS WIRKLICH?

Am vorletzten Morgen ihrer Reise versprach der Blick aus dem Hotelzimmerfenster keine Besserung, im Gegenteil. »Die Reiseleitung hat als Tagesausflug eine Besichtigung des größten Tierheims hier auf der Insel angeboten. Vielleicht sollen wir einfach mitfahren, ist bestimmt interessant«, schlug Kati vor. »Ja, klar«, warf Mona trocken ein, »damit ich Jeck noch schnell auf den letzten Metern einen Hund adoptiere. Bloß kein Hund mehr. Das fehlt mir noch zu meinem Glück. Nach dem ganzen Ärger, das würde ich überhaupt nicht packen.« »Näää, ich pass auf dich auf, Schätzelein. Kannst dich auf mich verlassen. Keine Tiere, keine Männer«, antwortete Kati mit gespielter Coolness und biss herzhaft in ihr Croissant.

Etwa gegen 19 Uhr, pünktlich zum Abendessen, kehrte der Bus des Reiseveranstalters zum Hotel zurück. Nach vier wolkenverhangenen Regentagen machte sich der Abendhimmel nun daran, einen wahrhaft spektakulären Sonnenuntergang als Wiedergutmachung zu zaubern. Der Horizont war in weiches Orange getaucht und die letzten Gewitterwolken hingen rosa leuchtend am blauen Abendhimmel. Vorsichtig trat Mona aus der hinteren Bustür. Ihre riesige Korbtasche, ein Reisesouvenir, in der sie ihre Strandsachen aufbewahrte, hing lässig über ihrer Schulter. An der untersten Stufe hielt sie kurz inne, um das Naturschauspiel zu genießen. Sie lächelte ganz leicht und nur wenn man genau hinsah, konnte man die zwei kleinen rotbraunen Fellohren erkennen, die aus der Strandtasche spitzten …

Urlaubssouvenir mit unerwarteten Folgen

Köln, vier Jahre später. Fast im selben Moment, als ich den Klingelknopf an dem Mehrfamilienhaus drückte, ertönte von drinnen ein lautes, tiefes und kräftiges Bellen. Eine Warnung für jeden Fremden, mit der unverbindlichen Empfehlung, das Weite zu suchen. Als der Türöffner summte und ich vorsichtig eintrat, stand mir Mona mit ihrer Familie gegenüber. Ihr Mann Ralf und die beiden Kinder Anna und Mike hatten sich wie die Orgelpfeifen aufgestellt und schauten mich mit einer Mischung aus »Boah, dieses Gekläffe ist ja so peinlich« und »Hoffentlich kann der uns helfen« erwartungsvoll an. Mona hatte anderweitig zu tun. Sie war damit beschäftigt, einen ca. 60 Zentimeter hohen Rottweilermischling namens Rocka davon abzuhalten, sich mit voller Wucht auf mich zu stürzen. »Bleib einfach cool und entspannt«, dachte ich, denn ich wollte auf gar keinen Fall, dass dieses wirklich beeindruckende Exemplar der Spezies Canis lupus familiaris auch nur im Ansatz dachte, ich ließe mich von seinem Begrüßungskonzert beeindrucken. Ein paar tiefe, ruhige Atemzüge, kein Blickkontakt zum Hund und weiche, ruhige Bewegungen können Hunde im »Türstehermodus« dazu veranlassen, ihr Verhalten zügig zu ändern, weil sie dann spüren, dass keine Gefahr droht. So war es auch hier: Rocka fuhr runter und die Familie entspannte sich. Jetzt hatte ich endlich Zeit, mir diese wunderschöne Fellnase in Ruhe anzusehen.

Die Hündin war ein Prachtexemplar. Ihr Fell schimmerte rötlich braun in der Sonne. Der dunkle Rückenstrich betonte ihre kräftige Statur. Rocka strahlte eine unglaubliche Präsenz aus. Ihr Kopf trug eine dunkelbraune, fast schwarze Maske, die ihre haselnussbraunen Augen besonders hervorhob. Sie schaute mich mit liebevoller Sanftheit an und trotzdem wohnte diesem Blick etwas äußerst Wachsames inne. Okay, Schluss jetzt mit meiner Schwärmerei.

Hunde brauchen Aufgaben. Schon kleine Herausforderungen helfen, aus dem Alltagstrott auszubrechen und die Bindung zu verstärken.

In Wahrheit checkte mich Rocka eigentlich die ganze Zeit nur aus. Was mir trotzdem sofort auffiel, war, dass ihr riesiger Schädel in einem schwarzen Maulkorb aus Silikongummi steckte. Was es für Rocka nicht besser machte: Der Maulkorb war viel zu klein. Ihre dicke, feuchte und ultrasensible Hundenase quetschte es vorne leicht durch den Schnauzenbereich. Richtig hecheln oder den Fang öffnen war nicht möglich.

Ein Hund mit Maulkorb wirkt auf viele Menschen ja besonders bedrohlich und wird voreilig in einer Ecke eingeordnet, in die er vielleicht gar nicht gehört. Ich dagegen freue mich immer, wenn ich Hunde mit Maulkorb treffe. Ich weiß dann nämlich sofort, dass sich seine Besitzer Gedanken gemacht haben und Verantwortung übernehmen. Ein Maulkorb ist keine Strafe und auch keine Stigmatisierung verhaltensauffälliger Hunde. Es ist ein Trainingsinstrument, genauso wie ein Geschirr oder eine Schleppleine. Etwas, das der Hund gerne trägt und ihn selbst, Artgenossen oder Menschen vor negativen Erfahrungen schützt. Dafür ist es aber wichtig, dass der Maulkorb positiv vom Hund verknüpft wird – und vor allem, dass er richtig sitzt. Es muss genug Platz sein, um den Fang zu öffnen, damit der Hund hecheln kann. Auch fressen und trinken müssen möglich sein. Muss eine Fellnase den Maulkorb dauerhaft tragen, halte ich speziell angepasste Maulkörbe für am besten. Das ist bei uns Menschen doch genauso. Eine Lesebrille aus dem Drogeriemarkt kann mit einer individuell vom Optiker angepassten nicht mithalten.

Bei Rockas Maulgeschirr war das leider nicht so. »Den hat Mona in ihrer Verzweiflung wahrscheinlich bei Amazon für 19,90 € erstanden«, schoss es mir durch den Kopf. Ich bat deshalb, Rocka von ihrem Kopfgeschirr zu erlösen, und war wahnsinnig gespannt, endlich den ganzen Grund zu erfahren, warum mich Mona und ihre Familie um Hilfe gebeten hatten.

Das, was mir Mona dann am Küchentisch unter Tränen berichtete, war echt starker Tobak: Obwohl sich Mona in besagtem Spanienurlaub fest vorgenommen hatte, unter gar keinen Umständen »schwach zu werden«, traf sie dort auf ihren Seelenhund. Einen armen kleinen von allen verlassenen Kuschelbären mit haselnussbraunen Augen, die direkt auf den Grund ihrer verwundeten Seele blickten. Seine Größe ließ Mona vermuten, der sanftmütige Seelenschmeichler wäre mindestens ein Jahr alt. In Wahrheit war der Riese jedoch gerade mal 20 Wochen auf dieser Welt. Die Sprachbarriere und die Überproduktion von Glückshormonen schalteten jeden Zweifel in der Hundemama aus und so wurde Rocka halb legal, halb illegal über die Grenze geschleust und eingedeutscht. Erst beim Tierarzt flog der Altersirrtum auf und Mona und ihre Familie fanden sich damit ab, dass Rocka wuchs und wuchs und wuchs.

Fragwürdige »Trainingsmethoden«

Es war nicht einfach. Rocka hatte ihren eigenen Kopf und Mona konnte kräftemäßig nur bedingt gegenhalten. Dementsprechend suchte sie sich draußen an der Leine ihren eigenen Weg. Sie reagierte auf alles und jeden. An einen entspannten Spaziergang war nicht zu denken. Wenn andere Hunde auftauchten, eskalierte die Situation und die 45-Kilo-Hündin ging aggressiv nach vorn. Seitdem der älteste Sohn der Familie zum Studieren ausgezogen war, hatte sich die Situation in der Familie noch einmal verändert. Rocka hatte schleichend begonnen, das Besuchsprotokoll zu übernehmen und zu entscheiden, wer kommen durfte und wer nicht. »Und warum der Maulkorb?«, fragte ich etwas erstaunt. Ralf antwortete mit stockender Stimme: »Weil sie vor ein paar Wochen bei einer Familienfeier einen Freund am Ärmel gepackt hat, als er bei der Begrüßung auf Mona zugestürmt ist und sie ganz harmlos umarmt hat. Wir haben einfach Angst und wissen nicht mehr weiter.«

Obwohl ein erfahrener Hundetrainer hinzugezogen worden war, hatte sich die Situation auch nach einem halben Jahr nicht großartig verbessert. Ich konnte Mona und ihre Familie mit ihren Sorgen nur allzu gut verstehen. Neben der Angst und Unsicherheit in brenzligen Situationen werden Gassigänge und Hundebegegnungen schnell zum Spießrutenlauf. Nicht wenige Hundebesitzer verlegen das Gassigehen mit ihrem flauschigen Familienmitglied in die Nacht oder ins Morgengrauen, um nur ja niemandem zu begegnen. Solche Ausweichstrategien machen die Situation aber nicht besser. Sie verdrängen nur das wirkliche Problem. Wo aber lag die Ursache für Rockas Verhalten und woran scheiterte Mona als ihre Bezugsperson beim Training und Handling ihres Seelentieres?

DAS PROBLEM ZU VERDRÄNGEN MACHT ALLES NUR NOCH SCHLIMMER.

Die Familie hatte viel ausprobiert. Der erste Trainer versuchte es mit der Clickermethode. Und in relativ entspannten Situationen schaffte es Mona tatsächlich, ihre aufgeregte Hündin durch das Klickern in eine positive Stimmung zu bringen. Die Erwartung auf eine fette Belohnung konnte Rocka bei Hundebegegnungen aus ihrem »Film« holen. Allerdings klappte das nur dann, wenn Mona die »Gefahr« früh genug erkannte, also den entgegenkommenden Hund vor Rocka sah. Daher landeten zwar unzählige Fleischwurststückchen auf Rockas Rippen, trugen aber nur wenig zu einer wirklichen Besserung der Situation bei.

Ein anderer »Trainer« riet der verzweifelten Hundebesitzerin, Rocka in brenzligen Situationen einfach abzulenken, was am effektivsten mit einem Laserpointer ginge. »Echt jetzt, mit einem Laserpointer? Das ist doch gefährlich.«

Ich war sprachlos. »Hmm, hat aber funktioniert, also anfangs«, hielt Mona dagegen. Tatsächlich versetzte der kleine rote Punkt auf dem Boden die leinenaggressive Rocka in einen tranceähnlichen Zustand. Ich weiß nicht, wie Rocka den Laserstrahl genau wahrgenommen hatte, aber rot war der Punkt für sie auf jeden Fall schon mal nicht. Hunde können die Farbe Rot gar nicht wahrnehmen. Für sie ist rot einfach grau. Vielleicht dachte sie, das helle Etwas, das über den Boden huschte, sei eine Maus. Es triggerte aber auf jeden Fall ihre Jagdlust und das war um einiges interessanter als der entgegenkommende Hund auf der anderen Straßenseite. Probleme wie Rockas Leinenaggression einfach durch Ablenkung auszuschalten ist heute immer noch eine gängige Methode, weil man damit schnell eine Verhaltensänderung beim Hund herbeiführen kann. Das beruhigt und macht irgendwie Mut, dass die Situation doch nicht ausweglos ist. Allerdings belügt man sich auf Dauer nur selbst. Denn all die Ablenkungen ändern ja nichts an der Ursache des Problems, warum der Hund überhaupt ein kritisches Verhalten zeigt. Das ist, als würde man vom Arzt bei Herzrasen und Panikattacken nur ein Beruhigungsmittel verschrieben bekommen, ohne herausfinden zu wollen, was die Attacken auslöst. Wie bei Rocka fühlt man sich womöglich erst einmal besser und wähnt sich in Sicherheit. Aber nur für kurze Zeit. Denn die Beschwerden werden irgendwann umso stärker zurückkommen und die Dosis des Medikaments muss dann ständig erhöht werden. Am Ende ist alles nur noch schlimmer als zuvor.

Bei Rocka schlug der durch den Laserpointer angeheizte Jagdinstinkt in Frustration um. Sie rastete schon aus, wenn Mona das kleine Ding nur aus der Tasche holte. An eine auch nur ansatzweise entspannte Gassirunde war überhaupt nicht mehr zu denken. Mona, ihr Mann Ralf und die beiden Kinder waren mit ihrem Latein am Ende und von Rockas »dunkler Seite«, wie sie es nannten, ziemlich eingeschüchtert.

Es muss endlich etwas passieren

Warum Hunde plötzlich dieses oder jenes Verhalten zeigen, hat viel mit ihrer Herkunft zu tun. Dabei spielt die Genetik eine bedeutende Rolle, denn durch sie bringt jeder Hund besondere Skills oder Talente mit. Als eine spanische Tierpflegerin Mona vor vier Jahren den kuscheligen, weichen Schmusebär in die Arme gab, machte sie sich darüber keine Gedanken. Sie hatte ja ihren Seelenhund gefunden, der genau wie der Laserpointer bei Rocka bestimmte Knöpfe ihres Unterbewusstseins drückte. Nach all den Sorgen und der Verzweiflung, für immer von ihrer Mutter weggerissen zu sein, den Selbstvorwürfen und Schuldzuweisungen, versagt zu haben und es vielleicht nie mehr gutmachen zu können, war an diesem regnerischen Tag im Mai plötzlich ein kleiner hilfloser Waisenhund in ihr Leben getreten. Mona brauchte nicht mehr Infos über die kleine Rocka.

Auch wenn über die Eltern nichts bekannt war: Ihre äußere Erscheinung, der Phänotyp, deutete klar auf astreine Rottweiler-, Schäferhund- und Bordeuxdoggengene hin. Kein Wunder, dass diese Hündin Eindruck machte. Wer sich in die Fachliteratur einliest, findet schnell heraus: »Schon zu Zeiten der alten Römer trafen sich in Rottweil Viehhändler zum Handel, immer mit dabei ihre mutigen, gelassenen, aber vor allem unerschrockenen Treib- und Schutzhunde. Die brauchten sie, um die Herden in Schach zu halten. Aus ihnen züchteten der Überlieferung nach die ortsansässigen Metzger den heutigen Rottweiler, der nicht nur flink die Tiere zum Schlachter trieb, sondern auch noch schwere Lasten ziehen konnte und Haus und Hof beschützte und bewachte. Seine Vielseitigkeit bescherte ihm 1910 die offizielle Anerkennung als Polizeihund und bis heute zählt der vielseitige und wenig misstrauische, aber sehr menschenbezogene Koloss zu den Diensthunderassen.« Zwischen den Zeilen gelesen ist der Rottweiler also ein kräftiger, zuverlässiger Hund, der durchaus in der Lage ist, eigene Entscheidungen zu treffen. Ein charmantes Sensibelchen, dem man mit brutaler Härte und lauter Stimme wenig beibringen kann. Der vielmehr eine wirkliche Leitfigur braucht, der er sich gerne unterordnet, weil er ihr bedingungslos vertrauen kann. Die genetischen Talente sind übrigens, mit kleinen Unterschieden, bei Bordeauxdogge und Schäferhund ähnlich. Was allen drei Hunderassen jedoch besonders nachgesagt wird, ist ihr ausgeprägtes Sozialverhalten. Sie sind einerseits sanfte Riesen, andererseits aber auch beeindruckende Powerpakete, die nur mit engem Familienanschluss glücklich leben und nicht in einem Zwinger oder an der Kette auf einem Schrottplatz ihr Dasein fristen sollten. Dass dies auch für die zuckersüße Spanierin ein No-Go wäre, darüber waren sich Monas Unterbewusstsein und ihr Bewusstsein ausnahmsweise mal einig. Rocka war die kleine Prinzessin der Familie, »fast schon der Heilige Gral«, wie Ralf einwarf. »Ich war monatelang abgeschrieben.« Dank dieses tapsigen Li-La-Launebärs mit knallharten Schutzhundambitionen konnte Mona ihre Verletzungen und Schuldgefühle endlich zur Seite schieben. Endlich konnte sie es besser machen als bei ihrer Mutter, konnte immer da sein und helfend zur Seite stehen.

Ich begann längere und intensive Gespräche mit Mona zu führen und sie musste sich eingestehen, dass sie mittlerweile wieder an einem ähnlichen Punkt stand. Es ging um alles oder nichts. Wie damals ihre Mutter schien ihr jetzt auch Rocka zu entgleiten.

Ein Mensch, ein Wort bzw. eine Geste: Hunde brauchen klare Ansagen, um sich sicher und verstanden zu fühlen.

Auf zu neuen Ufern

Wir Menschen sind auch Tiere, Gewohnheitstiere. Unsere Muster sind wie eine DNA unsichtbar mit uns verwoben. Und uns wie mit einem Laserpointer einfach abzulenken lässt uns nur eine Zeit lang aus diesem Muster ausbrechen. Aber dann irren wir dort wieder so lange herum, bis wir irgendwann vielleicht selbst den Weg hinausfinden – oder unser Hund ihn uns zeigt. Aber wie sollte Rocka das schaffen? Die hatte doch genug eigene Baustellen. Stimmt, deswegen klappte es ja auch nur mit Mona im Team.

Ich bin fest davon überzeugt, dass sich Mona nicht zufällig mit ihrer gerade adoptierten Fellschnauze in den Flieger nach Deutschland gesetzt hat. Diese junge Hündin war wie eine makellose weiße Leinwand. Ohne Makel und unkompliziert. Sie bot die ideale Projektionsfläche für Monas Wunsch, doch noch Liebe schenken zu können. Wenn nicht ihrer Mutter, dann diesem Welpen. Und noch etwas: Rocka war nicht Monas erster Hund. Sie muss geahnt haben, was die handtellergroßen Tatzen dieses Welpen zu bedeuten hatten. Dass sie groß und stark werden würde, sehr groß und stark. War das vielleicht die starke Schulter, nach der sich Monas Unterbewusstsein sehnte? Ein Hund, der in der Lage war, sie zu beschützen, auf den sie sich zu 1000 Prozent verlassen konnte, wenn es in ihrem Leben wieder zu stürmen begänne?

Was ihr Unterbewusstsein noch lauter rief, aber von Mona einfach ignoriert wurde, war die Möglichkeit, mit Rocka endlich ihr Schneckenhaus verlassen zu können. Die Beschäftigung mit dieser vielseitig interessierten Hündin wäre nur ein Weg von vielen aus ihrer selbst auferlegten Isolation. Doch all das passierte leider nicht. Denn Mona hing noch in ihren alten Mustern fest: Harmoniebedürfnis und das Gefühl, etwas wiedergutmachen zu müssen. Unter diesen Vorzeichen stand Rockas Erziehung, so wuchs sie auf. Liebe und Zuneigung gab es reichlich, Grenzen wurden nur wenige gezogen, und wenn, wurden sie mal mehr, mal weniger streng durchgesetzt. Dabei wäre das genau das gewesen, was Rocka, was eigentlich jeder Hund braucht: klare Linien, Leitplanken, die einen durchs Leben führen. Nein heißt nicht vielleicht. An der Tür managen nur wir, die Menschen, und der Hund kann sich entspannen. Aufpassen und bewachen ist super, aber die Entscheidung, was als Nächstes passiert, liegt bei uns. Von klein auf konsequent beigebracht und vorgelebt verstehen Hunde unsere Signale ziemlich schnell.

Mona suchte sich professionelle Hilfe, einen neutralen, psychologisch geschulten Zuhörer und Berater, der sie auf dem Weg, ihre Vergangenheit aufzuarbeiten, unterstützte. Parallel begann das Training mit ihrer geliebten Hündin. Durch ihr eigenes Coaching wurde Mona bewusst, wie wichtig es für sie war, sich abzugrenzen und Grenzen zu ziehen. Auch draußen an der Leine, bei Hundebegegnungen, musste, konnte Mona endlich lernen, Verantwortung zu übernehmen. Klare Regeln auch durchzusetzen und Rocka mit bestimmtem Ton ihre Grenzen zu zeigen. Sich durchzusetzen, Grenzen zu ziehen und Verantwortung zu übernehmen, das waren Monas Themen, mit denen sie ihr Muster durchbrechen konnte. Was ihr bei ihrer geliebten Mutter noch nicht möglich war, konnte sie durch ihre Hündin lernen.

DIE KUNST, HALT ZU GEBEN

Eigentlich sind wir alle harmoniebedürftig, doch für einige Menschen ist es ein ständiger Balanceakt zwischen natürlicher Harmonie und dem Drang, für ein harmonisches Umfeld sorgen zu müssen. Was übrigens ein ziemlich anstrengendes Vorhaben ist, bei dem die eigene innere Harmonie irgendwann definitiv auf der Strecke bleibt. Auch Mona war mit ihrem Latein irgendwann am Ende. Sie gab sich die Schuld für das schlechte Verhältnis zu ihrer Mutter. Sie hatte sich so in Schuldgefühlen verstrickt, dass sie ohne Hilfe nicht erkennen konnte, dass sie dafür keine Schuld trug.

Was für extrem harmoniebedürftige Menschen spricht: Sie verfügen in ihrem emotionalen Werkzeugkasten über einige Eigenschaften, die in der heutigen Zeit leider selten geworden sind. Sie sind von Grund auf freundlich, zuvorkommend und fleißig. Vor allem aber sind sie ungebrochen loyal und selbstlos. Leider ziehen gerade diese Charakterzüge die Narzissten magisch an. Die haben nämlich einen Riecher für Menschen, die sich leicht manipulieren und ausnutzen lassen. Die Fellnasen von extrem harmoniebedürftigen Menschen haben es leicht – und gleichzeitig auch nicht. Viele von Ihnen denken jetzt vielleicht: »Hmm, so ein Mensch liest seinem Vierbeiner doch jeden Wunsch von den Augen ab und die Leckerchen regnen bei ihm wie im Schlaraffenland vom Himmel. Ein Paradies für Fellnasen, ein Leben ohne ›NEIN!‹. Und falls dem Harmonietypen selbiges doch einmal zaghaft über die Lippen kommt, muss der Wauwau nur sein zuckersüßes Honigkuchengesicht aufsetzen und das Köpfchen leicht schräg halten, dann wird Frauchen oder Herrchen bestimmt nachgeben.« Ich denke mal, so ein charmanter Dicknischel wie mein Gizmo, dessen Wahlspruch auf dem Familienwappen – so er denn eins hätte – lauten könnte: »Steter Tropfen höhlt den Stein«, wäre mit dieser Taktik mehr als erfolgreich.

HUNDE VON MENSCHEN, DIE STÄNDIG AUF HARMONIE BEHARREN, STEHEN OFT GEHÖRIG UNTER DRUCK – UND DAS IST NICHT GUT FÜR DIE ROLLENVERTEILUNG.

Nicht jeder ist ein Anführer

Allerdings sieht für die meisten Hunde der Alltag in einer »Harmoniebeziehung« völlig anders aus. Hunde von Harmoniemenschen sind wesentlich häufiger im Dauerstress, weil sie viele Alltagssituationen eigenständig managen oder, anders ausgedrückt, bestimmen müssen. Die wenigsten Hunde zählen jedoch zu den Packleadern, die in der Lage sind, ihr Rudel anzuführen oder Entscheidungen zu treffen. Die meisten verlassen sich deshalb, schlau wie sie sind, voll und ganz auf die Leitfunktion ihres Menschen. Und genau die suchen sie bei einem Harmonie-Herrchen oder -Frauchen leider vergebens. Dann fängt der kleine süße Chihuahua plötzlich an, die Regeln aufzustellen, zu entscheiden, wann und ob er überhaupt »Lust« hat aufs Gassigehen, Sichunterordnen und Regelnakzeptieren. Wohlgemerkt: Er tut das nicht aus freiem Willen, sondern reagiert nur auf die für ihn unhaltbare – oder haltlose – Situation. Nicht wenige Hunde in der Harmoniefalle sind bemitleidenswerte Terrorzwerge. Sie betteln ständig am Tisch, bellen um Aufmerksamkeit und bei Missachtung werden sie wahre Meister im Steigern der akustischen Intensität.

Harmoniesuchende Menschen fällt es in den meisten Fällen unglaublich schwer, klar und konsequent zu sein. Sie knicken regelmäßig schnell ein. Ob unter Kollegen, in der Familie oder in einer Beziehung: Reibung ist einfach nicht so ihre Sache. Dabei vergessen sie, dass Reibung auch Wärme erzeugt. In der Auseinandersetzung mit dem Gegenüber werden Energien, werden Kräfte freigesetzt, die die Beziehung und letzten Endes auch die Bindung zueinander enorm stärken.

Eine der stärksten Hundepersönlichkeiten, die ich in den letzten Jahren kennenlernen durfte, ist Tatjana Kreidler. Seit 22 Jahren leitet sie den Verein Vita e. V. und bildet Assistenzhunde aus. Die von ihr entwickelte »Kreidler Methode« ist international höchst angesehen und basiert auf dem Grundsatz des gegenseitigen Respekts und der Wahrung der Bedürfnisse eines Assistenzhundes. Dabei ist eine der wichtigsten Fähigkeiten eines Hundebesitzers, wie Tatjana immer betont, zu lenken und zu leiten – auch wenn es einmal Reibungen gibt. Doch genau nach dieser Fähigkeit kann man bei harmoniesüchtigen Menschen leider lange suchen. Das bleibt auf Dauer nicht ohne Folgen, denn Hunde spiegeln durch ihr Verhalten diese Schwächen schon nach kurzer Zeit gnadenlos ehrlich zurück, wodurch eine für beide Parteien gefährliche Dynamik ensteht.

TEST: SIND SIE EIN HARMONIE-TYP?

Wenn Sie mehr als drei der folgenden Fragen mit Ja beantworten, könnte der Auslöser für die Probleme mit Ihrem Hund sein, dass Sie ein Harmonie-Typ sind.

	Ja	Nein
• Sind Sie vor allem für andere da und stellen Ihre eigenen Bedürfnisse immer hintenan?	☐	☐
• Schlucken Sie Ärger und Kritik oft runter oder machen es mit sich selbst aus?	☐	☐
• Haben Sie schon mal einen Fehler eingestanden, den Sie gar nicht begangen haben?	☐	☐
• Fühlen Sie sich manchmal ohne Grund schuldig?	☐	☐
• Halten Sie es für unangebracht, andere zu kritisieren?	☐	☐
• Fühlen Sie sich von Ihrem Partner/Ihrer Partnerin oder Ihren Mitmenschen abhängig?	☐	☐
• Halte Sie Streit in Ihrer Gegenwart nur schlecht aus?	☐	☐
• Sind Sie nicht nachtragend und können schnell verzeihen?	☐	☐
• Akzeptieren Sie die Meinung anderer und hinterfragen sie nicht?	☐	☐
• Wollen Sie immer, dass sich alle wohlfühlen?	☐	☐

Gut miteinander auszukommen heißt nicht, jeden Konflikt zu scheuen und alles durchgehen zu lassen.

TYPISCHE PROBLEME UND WIE MAN GEMEINSAM DARAN ARBEITEN KANN

Egal ob Futter, Spielzeug, Couch oder Bett: Das Thema Resourcenverteidigung ist häufig ein Problem in »hamonischen« Beziehungen. Und es ist der Beweis dafür, wie schwach die Bindung zwischen Halter und Hund tatsächlich ist. Menschen mit einem Harmonieproblem ist selbst der innere Konflikt zu belastend, von ihrem Hund etwas einzufordern, das der verständlicherweise nicht hergeben möchte.

Kein Hund will irgendwas Tolles hergeben, das er gefunden hat – wollen wir Menschen ja auch nicht. Gerade beim Thema Ressourcenverteidigung ist Vertrauen und Konsequenz daher einer der wichtigsten Bausteine. Es ist ein Basisprogramm der Sozialisierung, schon dem Welpen zu zeigen, dass es nicht schlimm ist, etwas für ihn Wertvolles herzugeben. Weil er es von seinem Menschen wiederbekommt oder der es gegen etwas noch Tolleres eintauscht. Das kann Futter, Spielzeug oder ein gemeinsames Spiel, bei einigen Hunden auch »nur« bestätigendes Lob sein. Es ist ein Spiel um das Vertrauen des jungen Hundes, der sehr genau beobachten und abspeichern kann, ob wir dabei ehrlich sind oder mit gezinkten Karten spielen. Sollte Letzteres der Fall sein, wird er sich beim nächsten Mal womöglich nicht mehr so leicht täuschen lassen.

Ich persönlich belege das Geben eines Gegenstandes übrigens mit der knappen Aufforderung: »Gib's mir!« Ich bin vom klassischen »Aus!« abgekommen, weil viele Menschen »Nein!« und »Aus!« oder »Schluss!« vermischen und das Kommando dadurch verwässert wird. Das bringt den Hund in die schwierige Situation, raten zu müssen, was Herrchen oder Frauchen eigentlich von ihm will. Dadurch wiederum vergeht wertvolle Zeit, was vom Menschen oft als Kooperationsverweigerung interpretiert wird und dazu führt, dass er vor lauter Ungeduld immer eindringlicher und lauter auf den ratlosen Hund einredet. Mit meinem »Gib's mir!« sind Verwechslungen ausgeschlossen.

Eines noch: Wie bei allen Aufforderungen im Leben macht der Ton die Musik, gerade beim Hund. Sie sollten stimmlich immer klar, ruhig und neutral sein. Auch wenn es in manchen Fällen schwerfällt: Sie sollten nie bedrohlich oder hysterisch klingen.

Konsequent sein

Es allem und jedem recht zu machen ist ein unrealistisches Vorhaben. Und zu allem Ja zu sagen, nur um einer Auseinandersetzung aus dem Weg zu gehen, grenzt ein Stück weit an Selbstverleugnung. Ein großer Vorteil ist es doch, einen eigenen Willen zu haben und diesen auch artikulieren zu können. Aber genau das fällt Menschen, denen Harmonie über alles geht, besonders schwer. »Ich bin halt konsequent selbstlos«, kommt da manchmal als Entschuldigung. Aber Moment mal: Es besteht ein großer Unterschied zwischen »aus Bequemlichkeit« und »konsequent«.

Für Hunde bedeutet konsequent zu sein Orientierung und vor allem Zuverlässigkeit. Die immer gleiche Reaktion in der immer gleichen Situation. »Nein!« heißt eben nein und »Kein Essen vom Tisch« bedeutet, der Hund bekommt nichts vom Tisch. »Aber er schaut doch gerade so lieb und er hat bestimmt einen Riesenhunger«, seufzt der Harmonie-Typ resigniert. In den allerseltensten Fällen kommt ihm noch ein leises, dünnes »Nein, ich darf dir leider nchts geben« über die Lippen. Aber war das wirklich ernst gemeint? Unsere Vierbeiner können ein Lied davon singen. Sie haben ein unglaublich feines Gespür, ob wir dazu in der Lage sind, unseren Willen konsequent und vor allem ernst gemeint durchzusetzen. Spüren sie nur den geringsten Zweifel in unserer Stimme oder Körperhaltung, stellen sie unser Anliegen erst einmal kategorisch infrage und reagieren überhaupt nicht. Konsequent sein kann man im Alltag daher nirgendwo praxisbezogener und leichter lernen als im Zusammenleben mit seinem Hund. Sosehr Hunde diese Leitplanke im Leben brauchen, so wunderschön spiegeln sie uns auch zurück, wie positiv sich unser konsequentes Handeln auf das Zusammenleben auswirkt.

KONSEQUENT ZU SEIN MACHT DAS LEBEN MIT EINER FELLNASE UM EIN VIELFACHES EINFACHER. HUNDE STEHEN EINFACH AUF VERLÄSSLICHKEIT.

Ich selbst gehöre ehrlicherweise auch zu den Menschen, denen es eher schwerfällt, immer konsequent zu sein. Aber durch meine Hunde habe ich schnell gemerkt, wie Konsequenz nicht nur ihr Leben vereinfacht und entspannt. Eine Anmerkung noch zum Thema »immer«: Khaleesi ist eine sehr rücksichtsvolle Hündin, die am Tisch niemals betteln würde. Bei Gizmo sieht die Sache schon anders aus. Er ist viel stoischer und hartnäckiger beim Versuch, seinen Willen durchzusetzen. Während ich Khaleesi durchaus mal etwas vom Tisch geben könnte, weil sie danach fröhlich von dannen zöge und einen in Ruhe ließe, ist das bei meinem alten Herrn nicht möglich. Gibt man seinem aufdringlichen Drängen auch nur einmal nach, öffnet man das Tor zur Hölle und irgendwann tanzt der Mops, im wahrsten Sinne des Wortes, auf dem Tisch. Seitdem ich diese Erfahrung einmal gemacht habe, gehen beide am Tisch konsequent leer aus. Wenn wir essen, wissen die Hunde, dass sie Pause haben, und liegen entspannt in ihrem Hundebett.

Hunde sicher anzuführen ist keine Frage von Alphagehabe, sondern von Vertrauen und Bindung.

Konsequenz zeichnet einen guten Anführer aus und Hunde wissen das zu schätzen. Konsequenz läuft auch nicht nur über Ver- oder Gebote, sondern man kann sie seinem Hund durch viele andere Dinge zeigen. Ihn an der Leine vor Kontakt mit fremden Hunden schützen, ständiges Ballhetzen vermeiden oder ihn im Auto nicht auf dem Beifahrersitz, sondern immer gesichert zu transportieren: Für alle diese konsequenten Handlungen ist der Hund so dankbar. Er kann sich entspannen und gerät nicht ständig unter emotionalen Stress, weil er unsere Entscheidungen, die mal so, mal so ausfallen, nicht nachvollziehen kann. Wie würde es sich für uns anfühlen, wenn an manchen Tagen rote Ampeln »Gehen« und grüne Ampeln »Stehen« bedeuten würden und an anderen Tagen wäre es wieder genau andersherum? Einfach so, ohne nachvollziehbaren Grund. Das würde uns extrem verunsichern und stressen. Und genauso leiden Hunde unter dem inkonsequenten Verhalten ihrer Besitzer.

Konsequent handeln zu lernen ist für harmoniesuchende Menschen letztlich die Chance, mehr Sicherheit und Kontrolle über ihr eigenes Leben zu erlangen. Sie lernen: Ich muss unangenehmen Situationen nicht mehr aus dem Weg gehen. Das bringt sie bei ihrem größten Problem – keine Grenzen setzen zu können – einen Riesenschritt voran. Und ihre Hunde werden denken: »Endlich sagt mir hier mal jemand, wer wofür zuständig ist und was ich machen kann – und was lieber nicht.« Sie werden staunen, dass Herrchen oder Frauchen plötzlich beginnt, Grenzen zu setzen, und bei der Gelegenheit gleich noch die Rangordnung klarstellt.

Etwas liegt mir zum Thema Konsequenz noch am Herzen: Konsequentes Handeln im Zusammenleben mit unserem Hund ist nur dann nachhaltig erfolgreich, wenn es vorher von uns auch sorgfältig auf seine Sinnhaftigkeit überprüft wurde. Nur aus Prinzip jetzt und sofort etwas mit allen Mitteln durchzudrücken, nur weil wir es gerade wollen, birgt Gefahren. Aus Liebe zu uns wird der Hund unserer Aufforderung vielleicht nachkommen, die Sinnhaftigkeit jedoch wird er nicht verstehen. Und das geht immer auch ein Stück weit auf Kosten der Bindung.

Die Führung übernehmen

Hunde, die in einer Beziehung mit besonders nachgiebigen oder harmoniebetonten Menschen leben, übernehmen nach einer gewissen Zeit der Unsicherheit, wer eigentlich das Sagen hat, notgedrungen die Regierungsgeschäfte. Ich will noch einmal betonen, dass nichts einem Familienhund ferner liegt, als in dem Konstrukt, in das er hineingeholt wurde, die Führung zu beanspruchen. Die gibt er liebend gerne an den Boss ab. Wenn der Boss aber, um es mal drastisch auszudrücken, eine Pfeife ist und weder klare Ansagen macht noch Planungssicherheit und Orientierung bietet, ist guter Rat teuer. Bei unsereins würden einige Mitarbeiter vermutlich schnell die Firma wechseln, andere einfach machen, was sie wollen, und letztlich alle offenen Auges in die Insolvenz schlittern. Die wenigsten Hunde können jedoch einfach so mal die »Firma« wechseln. Sie sind zwar für den Führungsjob total ungeeignet, aber was bleibt ihnen anders übrig? Und so haben sie nach kurzer Zeit die Regeln aufgestellt: Wie lange man Gassi geht, ob der neue Partner willkommen ist, was gefressen wird, wo man schläft … All diese Dinge bestimmt jetzt der Vierbeiner. Lästiges Betteln ist besonders cool und wenn Frauchen oder Herrchen nicht zeitnah liefert oder reagiert, wird gerne mal mit »schriller Stimme« nachgeholfen.

HUNDE ERKENNEN UNSERE PERSÖNLICHEN SCHWACHSTELLEN GANZ SCHNELL UND SIE SIND MEISTER DARIN, SIE UNS DIE GANZE ZEIT ÜBER VOR AUGEN ZU FÜHREN.

Besonders Aufmerksamkeit ist Grundthema in diesen Beziehungen. Denn wie bei einem Kind, das ohne Regeln und Verbote aufwächst und dessen Eltern jedem Konflikt aus dem Weg gehen, entsteht ein Gefühl des Nicht-gesehen-Werdens, des Unsichtbarseins, weil die Orientierung, der Rahmen fehlt. Auch emotional! Wo es immer nur Ja gibt und nie ein Nein, verliert das Ja an Wert. Fälschlicherweise wird diesen verlorenen Hunden oft der Vorwurf gemacht, sie seien dominant, testeten ihre Grenzen aus und machten dies und das extra, um uns zu schikanieren. Dabei liegt ihnen nichts ferner. In Wirklichkeit sind sie völlig hilflos und schwer verunsichert. Wie sehr würden sie sich eine Leitfigur an ihrer Seite wünschen, die sie lenkt und vor diesem Wahnsinn beschützt.

Ignorieren will gelernt sein

Die Spiegelung in diesen Mensch-Hund-Beziehungen ist besonders gnadenlos. Harmonie-Menschen erlernen im Training Methoden, die ihnen selbst guttun: Klarheit, Ruhe und Bestimmtsein. Kleine Übungen, die Großes bewirken. Wer als Mensch darauf konditioniert ist, immer gefallen zu wollen, hält es nicht aus, die Bitte eines Kollegen oder Partners zu ignorieren. Über das Training mit dem Hund lässt sich das jetzt zum ersten Mal trainieren. Hunde lernen unter anderem über Erfolg und Misserfolg. Sie sind da ein wenig wie Banker. Investiert wird nur in Dinge, die sich wirklich lohnen. Führt ein gezeigtes Verhalten nicht zum Ziel, wird es in den meisten Fällen rasch eingestellt. Beim Betteln zeigt sich das besonders gut.

Aber was heißt ignorieren genau? Es ist die klassische Trias, ein Dreigestirn, bestehend aus nicht ansprechen, nicht ansehen und nicht anfassen. Der wuscheligen Nervensäge neben einem cool die kalte Schulter zeigen. Nicht nur mir, fast jedem fällt das anfangs extrem schwer. Unsere Fellnasen sind schließlich kreativ und finden immer wieder neue Wege, einen Blick oder eine Reaktion zu erhaschen. Sofort fühlen sie sich in ihrem Handeln bestätigt und machen weiter. Hunde von besonders nachgiebigen Menschen haben dieses Verhaltensmuster immer weiter perfektioniert. Sie treffen damit ja auch genau einen wichtigen schwachen Punkt. Konsequent ausgeschaltet bleiben, lautet daher das Zauberwort – so als wäre der Hund überhaupt nicht anwesend. Vielleicht fährt Struppi immer weiter hoch, steigert sich hinein, fängt an zu bellen oder hochzuspringen. Solange sie die Gesetze der Trias beachten, haben Sie die Situation unter Kontrolle. Damit ist es aber noch nicht getan. Der wichtigste Teil der Übung fehlt noch: In dem Moment, in dem der Hund sein Verhalten einstellt, ruhig wird, aufhört zu bellen, sich abwendet oder wieder hinsetzt, loben Sie dieses positive Verhalten in ruhigem Ton. So kann er überhaupt erst verstehen, was Sie sich von ihm anstelle des Bettelns wünschen.

Bestimmt freut es Ihren Hund auch, während Sie essen, eine leckere Kaustange in seinem Körbchen zu finden. Kauen hilft Hunden dabei, Stress abzubaue, und zusätzlich macht Ihr Hund die positive Erfahrung, dass das, was in seinem Körbchen geschieht, letzten Endes viel spannender und lohnender ist als das Geschehen am Tisch.

Fazit: Gewünschtes Verhalten (nicht betteln) lobend zur Kenntnis zu nehmen und unerwünschtes Verhalten (betteln) zu ignorieren ist ein Weg, dem Hund den richtigen Weg zu zeigen, und für harmoniesüchtige Menschen die Chance, die Führung zu übernehmen.

DAS KÖNNEN SIE ALS HARMONIE-TYP AUS DER SPIEGELUNG LERNEN UND FÜR SICH SELBST MITNEHMEN

- Gehen Sie mehr auf Ihre eigenen Wünsche ein.
- Setzen Sie Grenzen und lernen Sie, Nein zu sagen – am besten erst einmal bei Menschen, bei denen Ihnen das leichter fällt.
- Stehen Sie ohne Schuldgefühle zu eigenen Entscheidungen. Sagen Sie dem anderen freundlich: »Ich weiß, du bist enttäuscht, dass ich deiner Bitte nicht nachkomme. Aber ich habe meine Entscheidung getroffen.«
- Seien Sie mutig und erlauben Sie sich einmal etwas, z. B. eine Einladung abzusagen oder eine Bitte auszuschlagen , wenn Sie keine Lust haben. Das ist gut für Ihren inneren Frieden.

TYP 4: DER UNSICHERE

Hunde brauchen die Gewissheit, dass ihr Mensch ein sicherer Hafen ist, und hinterfragen daher ständig, ob er auch wirklich hinter seinem Handeln steht. Umso wichtiger ist es, eigene Unsicherheiten und Ängste überwinden zu können.

Unsicherheit oder Angst sind zwei Eigenschaften, die jeder von uns in sich trägt. Im besten Fall sind sie wie stille Begleiter, die sich uns auf unserer Reise des Lebens angeschlossen haben, sich aber nur sehr selten zu Wort melden. Wenn man Pech hat, handelt es sich bei den beiden jedoch um nervige Dauerquassler, die uns ständig beeinflussen, auf uns einreden und die wir nicht einfach mal so mit einem Schnipp abstellen können, auch wenn wir das nur zu gerne würden. Wenn es uns aber gelingt, sie zu überwinden, gewinnen wir unendlich viel Lebensfreude dazu.

NADINE UND GALA ODER: DEM LEBEN VERTRAUEN LERNEN

Je länger man im Lockdown festhing, umso langsamer vergingen die Tage. Eine Erfahrung, die in den vergangenen Jahren viele Singles, Paare, aber auch Familien mit Kindern machen durften. Die endlosen Stunden im Homeoffice zogen sich wie zäher, klebriger Kaugummi, das tägliche Homeschooling wurde zur nervlichen Belastungsprobe und irgendwann begannen die Augen vom Serienmarathon einfach nur noch zu brennen. »Hundebesitzer müsste man sein«, dachten sich deswegen viele Menschen. »Die können wenigstens trotz Ausgangssperre raus an die frische Luft, eine gemütliche Runde drehen und den Kopf freibekommen.«

Und tatsächlich: Kaum war im Frühling der Lockdown beendet, waren die Tierheime vielerorts leer gefegt. Man überbot sich bei seriösen Züchtern mit teilweise unseriös hohen Summen für einen putzigen Welpen und der illegale Welpenhandel konnte die Nachfrage, trotz vielseitiger Warnungen der Tierschützer, kaum stillen. Das Ende der Geschichte ist allgemein bekannt: Nach zwei Jahren waren die Tierheime voll mit Abgabetieren. Allein in München überstieg die Abgabequote die Zahlen der Vorjahre um mehr als 30 Prozent. Die Verlierer waren mal wieder die Tiere, die aus reinem Egoismus angeschafft wurden, ohne dass sich die Besitzer vorher ernsthaft Gedanken darüber gemacht haben, welche Verantwortung und auch Einschränkungen es mit sich bringt, wenn man sich einen Vierbeiner ins Leben holt.

Umso mehr freue ich mich über die Menschen, die sich die Entscheidung nicht so leicht machen und schon lange, bevor sie sich entscheiden, von einem Hundeprofi beraten lassen. Freunden von Kunden der Hundeschule, in der ich arbeite, hatten mich gebeten, sie bei der Anschaffung ihres neuen Familienhundes zu beraten und gegebenenfalls über meine guten Kontakte bei Tierschutzvereinen und einigen Züchtern zu helfen. Sie mussten vor drei Jahren ihren geliebten Golden Retriever Balou beim Gang über die Regenbogenbrücke begleiten. Balou hatte nach fast 16 Jahren seine Sachen zusammengepackt. Im Gepäck hatte er wunderbare Erinnerungen an gemeinsame Erlebnisse mit seinen Hundekumpels, abwechslungsreiche und regelmäßige Beschäftigung, Reisen in ferne Länder, mindestens 1000 leckere Hundekuchen und unendlich viel Liebe. Am Ende hatte er ein für einen Retriever babylonisches Alter erreicht und schlief sanft in den Armen seiner Lieben ein.

Nach Monaten der Trauer und nach vielen Diskussionen und Gesprächen in der Familie, vor allem mit den Kindern, fasste man den Entschluss, dass man bereit wäre für ein neue Bereicherung auf vier Pfoten.

So viele Erwartungen

Nadine und ihr Mann Klaus lebten in einer klassischen Patchworkfamilie. Sie wohnten seit zwei Jahren zusammen mit den beiden Mädchen Clara und Polly in einem schmucken Einfamilienhaus mit kleinem Garten, im Speckgürtel von München. Klaus hatte mit viel Zeit und Liebe die Immobilie renoviert und durch Nadines guten Geschmack hatte es sich in ein wahres Schmuckstück verwandelt. Als mich die Familie bei meinem ersten Besuch durch das helle Haus führte, fiel mir auf, wie gut es in jedem Raum roch. Überall brannten teure Duftkerzen. Kein Zimmer wirkte unaufgeräumt, alles stand an seinem Platz, der alte Holzboden glänzte und es war kein Staubkörnchen zu sehen.

»Warum bekomme ich so was nie so perfekt hin?«, schoss es mir kurz durch den Kopf, bevor wir uns an den gemütlichen Esszimmertisch setzten und Nadine ein Glas Mineralwasser auf den Untersetzer vor mir stellte. »Nur dass es keine Wasserflecken gibt«, sagte sie fast schon entschuldigend und lächelte mich erwartungsvoll an.

Clara und Polly, 13 und 15 Jahre alt, wackelten die ganze Zeit aufgeregt auf ihren Stühlen hin und her. Nur Klaus schien die Ruhe selbst zu sein und ergriff das Wort. »Du hast ja sicher schon gemerkt, dass Nadine hier unser Organisationstalent ist.« Seine tiefe Stimme hatte einen leicht ironischen, aber trotzdem sehr wertschätzenden Unterton. »Sie hat für dich deshalb mit den Kindern und mir eine Liste erstellt, was wir uns bei unserem neuen Hund wünschen oder was uns wichtig wäre.« Ich warf kurz einen Blick auf den sauber ausgedruckten Computerausdruck und versuchte mir meine Überraschung hinsichtlich der unzähligen Punkte nicht anmerken zu lassen. Das war wirklich mal eine Riesenliste. Allein auf die Frage, was am wichtigsten wäre, gab es sieben Antworten: Der neue Hund sollte ein Welpe sein und wegen Nadjas Tierhaarallergie allergikertauglich. Er sollte gut allein bleiben können, aber genauso sollte man ihn auch überall mit hinnehmen oder auch mal für ein paar Wochen in die Hundepension geben können. Er sollte mittelgroß sein, aber doch noch so klein, dass er auch mit ins Flugzeug könnte. Und – das verdutzte mich am meisten – ganz wichtig: Wenn er nass wäre, sollte er möglichst nicht nach Hund riechen. Ganz ehrlich, nachdem ich mir alles sorgfältig durchgelesen hatte, war mein erster Impuls zu sagen: »Warum versucht ihr es nicht mal mit einem Stofftier?«

Als ich von der Liste aufblickte, strahlten mich drei erwartungsvolle Gesichter an, nur Nadine schien irgendwie meine Gedanken lesen zu können. Sie war zwar grundsätzlich bereit, dem Wunsch der Kinder und ihres Mannes, dass endlich wieder ein Hund bei der Familie einzog, nachzugeben. Aus vollem Herzen dabei war sie jedoch nicht. Warum der Gedanke an einen Welpen bei ihr allerdings fast ein Gefühl von Panik auslöste, konnte ich zu diesem Zeitpunkt noch nicht wissen. In meinem Kopf ratterte es. Das schrie doch nach totaler Unsicherheit.

»Grundsätzlich«, begann ich mit meiner Einschätzung, »bin ich sehr froh, dass ihr euch so detailliert Gedanken darüber gemacht habt, wie euer neuer Hund sein sollte. Ihr habt euch mit euren Wünschen auseinandergesetzt. Das ist mehr, als die meisten Menschen bei der Auswahl eines Hundes machen. Aber all eure Vorstellungen zusammen sind nicht realisierbar, da bin ich raus«, schloss ich meine kurze Analyse. »Ich bin euch gerne dabei behilflich, einen kleinen Familienhund zu finden, der als Welpe bei euch einziehen kann. Dieser Hund muss von euch lernen und vieles gezeigt bekommen, was für sein weiteres Leben wichtig ist. Er ist wie ein weißes, unbeschriebenes Blatt, auf das ihr als Familie seine Lebensgeschichte schreibt. Ob diese glücklich und entspannt oder anstrengend und nervenaufreibend wird, entscheidet ganz alleine ihr.« Und ich fuhr fort: »Dieser Hund kann euren Golden Retriever Balou nicht ersetzen. Er wird völlig anders sein. Aber durch eure Liebe und Bereitschaft, sich auf seine Bedürfnisse einzustellen, wird er sich sehr schnell immer enger an euch binden. Fest steht, ein Welpe bringt euer Leben die ersten Monate ziemlich durcheinander. Ihr werdet euch alle mehr oder weniger«, hier trafen sich Nadines und meine Blicke wie durch Zufall kurz, »einschränken müssen. Dazu gehört auch, dass ihr euch schnellstens daran gewöhnt, dass ein nasser Hund eben nach nassem Hund riecht.« Das war mein Schlusssatz. Wobei ich mir beim letzten Punkt wirklich ein leichtes Schmunzeln nicht verkneifen konnte.

Für Liebe gibt es kein Patentrezept

Ich machte mich auf die Suche nach einem passenden Hund. Die Wochen vergingen. Über eine befreundete Trainerin hörte ich von einem frischen Wurf Pudelwelpen. Die zarten kleinen Mäuse waren eigentlich alle bereits reserviert und vergeben. Als jedoch einer der Interessenten die Züchterin in einem Telefonat aus voller Überzeugung fragte, ob er seinen Welpen nicht doch erst mal für drei Tage zur Probe ausleihen dürfte, machte die sofort einen Rückzieher und strich den Verrückten umgehend von ihrer Käuferliste. Meine Chance!

Die kleine Gala war wirklich etwas ganz Besonderes. Die Farbe ihres hauchzart gelockten Fells erinnerte mich an Vollmilchschokolade, ihre beiden Vorderpfoten waren allerdings weiß gefleckt, genauso wie ihre Brust. Sie hatte ein wirklich ruhiges und ausgeglichenes Wesen und entsprach in vielen Punkten genau Nadines detailliertem Anforderungsprofil: Gala würde, wenn sie einmal ausgewachsen wäre, genau die richtige Größe haben, sie war gelehrig, sportlich und gerne überall mit dabei. Und das Wichtigste: Sie haarte nicht, sondern wurde geschoren.

Ein vorheriges Treffen oder gemeinsames Kennenlernen bei der Züchterin konnte coronabedingt leider nicht stattfinden, aber ich schickte regelmäßig Videos und Fotos hin und her und die Familie stand mit der Züchterin im Dauerkontakt. Mit elf Wochen konnte das kleine Pudelmädchen endlich umziehen und ich brachte sie nach München. Voller Vorfreude empfingen uns Clara und Polly mit Klaus schon an der Toreinfahrt. Sie hatten das Tor mit

Ja, es stimmt: Hunde können mit ihrem Temperament unseren Alltag ganz schön durcheinanderwirbeln. Wer allerdings immer nur an Perfektion festhält, verliert sich auch schnell selbst.

einem »Willkommen Gala«-Schild und bunten Luftballons dekoriert. Nadine hatte im Haus schon alles perfekt vorbereitet. In jedem Zimmer waren lose Kabel und gefährliche Steckdosen gesichert, alle wertvollen Gegenstände, die den rasiermesserscharfen Welpenzähnen zum Opfer fallen könnten, waren weggeräumt und die Hundebox stand fertig eingerichtet in einer ruhigen Ecke der geräumigen Wohnküche. Falls dem kleinen Neuzugang mal ein Malheur passieren sollte, wartete in jedem Raum eine ganze Batterie an Küchenrollen, Reinigungssprays und Desinfektionstüchern. Sogar eine neue stylische Doggybar wartete nur darauf, von Gala endlich eingeweiht zu werden. Ich war echt baff, was Nadine da alles auf die Beine gestellt hatte. Als Managerin ihrer Patchworkfamilie war sie durch und durch Organisationstalent und hatte wirklich nichts dem Zufall überlassen.

Während die beiden aufgeregten Mädchen ihr neues »Geschwisterchen« ausgelassen und liebevoll durch die Räume führten und der kleinen Gala die Möglichkeit gaben, jeden Winkel ihres neuen Zuhauses zu erschnüffeln, konnte sich Nadine nicht wirklich entspannen. Ich nahm wahr, wie ihr unruhiger Blick die Einzugsgruppe ständig verfolgte. Sie war mehr als angespannt und hatte noch viele Fragen: »Wie oft müssen wir jetzt immer raus, alle zwei Stunden? Was mache ich, wenn sie auf den Boden pinkelt oder nachts nicht schlafen will? Was, wenn sie im Garten was vom Kirschlorbeer frisst, ist das nicht giftig? Wie oft muss ich sie baden und sollen wir das Geschirr immer dranlassen?«

LIEBE FÄLLT EINEM NICHT IMMER EINFACH SO IN DEN SCHOSS. MANCHMAL MUSS SIE EINFACH WACHSEN. ABER AUCH DAS KANN DAUERN – UND VOR ALLEM MUSS MAN OFFEN SEIN UND ES ZULASSEN.

Hinter Nadines vielen Fragen versteckte sich eine große Unsicherheit, die Angst, vielleicht etwas falsch zu machen, aber vor allem Panik, gewisse feste Abläufe in ihrem Leben nicht mehr kontrollieren zu können. Ich machte mir deswegen um die kleine Gala jedoch keine Sorgen. Nadine war eine tolle und starke Frau mit einer wunderbaren Familie an ihrer Seite. Zusammen würden die vier es schon schaffen. Aber sosehr ich an diesem Tag auch nachdachte, die Ursache, warum Nadine das Gefühl der Kontrolle so dringend brauchte, konnte ich noch nicht erahnen.

Neugierig besuchte ich die Familie am nächsten Tag wieder, um mich zu erkundigen, wie die erste Nacht mit Gala so gelaufen war. Nadine wirkte erschöpft, als sie mir die Tür öffnete. Ich sah sofort, dass sie etwas bedrückte. Die kleine Gala hatte Klaus und seine Frau die Nacht über ganz schön auf Trab gehalten. Wie so oft bei frischgebackenen Hundeeltern hatte Klaus am Ende mit dem Welpen im Wohnzimmer geschlafen, während Nadine sich völlig ausgepowert ins Schlafzimmer zurückgezogen hatte. Ich dachte daran, wie Matthias und ich vor ein paar Jahren mit der kleinen Khaleesi die ersten Nächte verbracht hatten. Die regelmäßigen Pipizeiten – auch nachts. Nie war man richtig entspannt oder konnte sich irgendwie ablenken. Einer von uns musste immer ein Auge auf den neugierigen Welpen haben, es sei denn, Khaleesi schlief. Und selbst dann schweifte der Blick alle paar Minuten automatisch hinüber zu ihr ins Körbchen. Wie wunderbar aufregend, aber auch anstrengend die ersten Wochen doch waren!

»Warum bist du so niedergeschlagen, Nadine?«, tastete ich mich vorsichtig heran. Nadine brach sofort in Tränen aus. »Ich schaffe das irgendwie alles nicht«, schluchzte sie. »Ich habe das Gefühl, hier den Überblick zu verlieren, die Kontrolle. Gestern sind noch Freunde vorbeigekommen und alle haben sich so wahnsinnig über die kleine Gala gefreut. Die Kinder strahlen, Klaus ist selig, nur ich«, Nadine stockte der Atem, »ich empfinde nichts. Das macht mich so unendlich traurig. Jeder kann sich freuen, nur ich nicht. Warum ist das so? Ist das normal?«

Ich dachte für einen Moment nach, wie ich die richtigen Worte finden konnte, denn ich verstand Nadine sehr gut. »Dass du dich nicht freust oder nicht genauso freuen kannst wie die anderen, ist völlig okay«, erwiderte ich behutsam. Ich wollte Nadine auf jeden Fall die Angst nehmen, sich in irgendeiner Weise schuldig zu fühlen. »Liebe muss wachsen und wie lange das dauert, dafür gibt es kein Patentrezept. Ich denke mal, du bist tief in dir schon froh darüber, dass Gala jetzt endlich bei euch ist. Aber die Sorge, deine hier geschaffene Ordnung, die liebevoll aufgebaute heile Welt könnte durch dieses unschuldige kleine Hundebaby durcheinandergebracht werden und an dir bleibt dann die ganze Arbeit hängen, blockiert dich im Moment.«

Raus aus der Komfortzone mitten ins Leben

In der Psychologie kennt man das Phänomen der Wochenbettdepression schon lange. Die gerade frisch entbundenen Mütter sind einfach nur traurig und können ihr Kind nur schwer bis überhaupt nicht annehmen. Der »Babyblues« trifft hauptsächlich ängstliche Menschen – oder sehr perfektionistische. Bei den Ängstlichen ist das Thema häufig Verantwortungübernehmen. Sie fühlen sich bewusst oder unbewusst unter Druck gesetzt, 24/7 für ein junges Leben, das ohne sie völlig hilflos ist, verantwortlich zu sein. Was wiederum bedeutet, dass die eigene Selbstständigkeit massiv eingeschränkt wird. Bei den Perfektionisten ist das Thema eher das Gefühl des Kontrollverlusts oder

Den Moment zu genießen: Das habe ich vor allem durch Hunde gelernt.

zumindest die Angst, nicht alles weiter wie gehabt unter Kontrolle zu haben. Bei Nadine hatte die Unsicherheit, die sie durch ihren Perfektionismus und ihr Talent, alles und jeden zu organisieren, zu kontrollieren versuchte, wie ich erfuhr, einen überaus tragischen Hintergrund. Als junge Frau verlor sie sehr früh beide Eltern bei einem tragischen Autounfall. Von heute auf morgen eine Vollwaise und ganz auf sich alleine gestellt, musste sie den kompletten Nachlass ihrer Eltern und somit auch deren Leben auflösen. Um unter diesen Umständen überhaupt »funktionieren« zu können, erschuf Nadine um sich herum eine perfekte, wunderschöne, saubere Welt und wurde ein wahrer Profi im Organisieren. Auf Außenstehende wirkte sie stark, positiv und in jeder Situation kontrolliert – bis zu jenem Tag, als ein kleiner Pudelwelpe sie zwang, diese perfekt gebaute Komfortzone zu verlassen. So stark sich Nadines Bewusstsein auch dagegen wehrte und mit Angst reagierte, umso sehnlicher wünschte sich wahrscheinlich ihr Unterbewusstsein, dass dies endlich, nach so vielen Jahren, geschehen würde.

DER WUNSCH NACH KONTROLLE KANN ENORM VERUNSICHERN UND DEM GLÜCK OFT IM WEG STEHEN.

Ich versprach Nadine, dass sich ihre Ängste, die kleine Gala würde ihr über so viele Jahre sorgsam organisiertes Leben auf Dauer unterminieren, schon bald in Luft auflösen würden. »Denke einfach daran, was dir dieses zauberhafte kleine Wesen alles Gute ins Leben bringen wird. Die Liebe, die gemeinsamen innigen Momente. Und vor allem wird sie ein Partner sein, der immer genau weiß, was du brauchst und was dir fehlt. Verlasse mit Gala deine Komfortzone und erobert zusammen die Welt. Zeige ihr, was es heißt zu leben. Denn du wirst die meiste Zeit mit ihr verbringen und deshalb ihr wichtigster Mensch im Leben sein.«

Nadine konnte wieder lächeln. Die Vorfreude auf all diese besonderen Momente gab ihr jetzt die nötige Kraft und war stärker als ihre Unsicherheit. Das konnte ich deutlich spüren. Es stimmt schon: Unsicheren Menschen fällt es manchmal schwer, dem Leben zu vertrauen. Wie schön, dass ein Hund uns jeden Tag aufs Neue beweist, wie sehr sich das lohnt.

KLARHEIT, GEDULD UND KRAFT

Wenn, wie bei Nadine, in bestimmten Phasen unseres Lebens unbegründet Ängste auftreten oder überhandnehmen, fühlen wir uns schnell unsicher und ausgegrenzt. Für Außenstehende ist das meist schwer zu verstehen und oft auch gar nicht zu erkennen, denn Unsicherheit hat viele Gesichter. Einige Menschen macht sie besonders zurückhaltend, ja fast schon scheu, andere können gar nicht aufhören, nur über sich zu reden. Bei vielen ist die Angst, zu scheitern oder sich zu blamieren, übergroß – was diese Menschen wiederum dazu treiben kann, extrem ehrgeizig und perfektionistisch zu werden.

Trotz ihrer inneren Zerrissenheit sind viele der unsicheren Zeitgenossen bei ihren Mitmenschen sehr beliebt. Ihre zurückhaltende und selbstkritische Art macht sie zu beliebten Ratgebern. Mal ehrlich: Ich vertraue mich doch lieber einem Menschen an, der verlässlich erscheint, weil er sich selbst nicht gerne in den Vordergrund drängt, als jemandem, der vor Selbstvertrauen gleich zu platzen droht.

Es ist nicht ungewöhnlich, dass viele unsichere Menschen über ein besonderes Maß an Sensibilität verfügen. Herrscht in ihrer eigenen Beziehung mal »dicke Luft«, sind sie nicht zwanghaft um Harmonie bemüht, sondern agieren sehr selbstreflektiert und ausgleichend. Bei Konflikten im Job findet man unter ihnen oft anerkannte Schlichter, eine Fähigkeit, die ihnen bei Kollegen viel Wertschätzung einbringt. Wo lauern für unsichere Hundebesitzer also die Gefahren im Zusammenleben mit ihren Fellnasen? Über welche selbst ausgelegten Fallstricke könnten sie stolpern? Wie klar und unmissverständlich spiegeln ihre Hunde das zurück und welche großen Chancen ergeben sich daraus für das weitere Zusammenleben?

TEST: SIND SIE EIN UNSICHERER TYP?

Wenn Sie mehr als drei Aussagen mit Ja beantworten, könnte der Auslöser für die Probleme mit Ihrem Hund sein, dass Sie ein unsicherer Typ sind.

	Ja	Nein
• Wenn Ihr Chef Spezialaufgaben vergibt, verstecken Sie sich hinterm Schreibtisch?	☐	☐
• Wenn Ihnen eine Frau oder ein Mann gefällt, hoffen Sie, dass er/sie den ersten Schritt macht und Sie anspricht?	☐	☐
• Wichtige Ereignisse zu organisieren versetzt Sie in Panik?	☐	☐
• Ist Ihnen Ihr äußeres Erscheinungsbild sehr wichtig?	☐	☐
• Bleiben Sie lieber allein, als mit Menschen Zeit zu verbringen, von denen Sie denken, dass sie Sie eh nicht mögen?	☐	☐
• Fehlen Ihnen die richtigen Worte, wenn Sie aufgeregt sind?	☐	☐
• Wären Sie gerne mutiger?	☐	☐
• Bekommen Sie schlechte Laune, wenn Sie sehen, dass viele Instagramer und Freunde einen besseren Lifestyle haben als Sie?	☐	☐
• Fällt es Ihnen schwer, über sich zu reden?	☐	☐
• Sind Sie eher der Das-Glas-ist-halb-leer-Typ?	☐	☐

Die Angst überwinden

»Sei so, wie du willst, dass dein Hund ist!«, lautet einer meiner Leitsätze beim Training mit Hunden und ihren Besitzern. Und gerade Menschen, die unsicher oder ängstlich mit ihrem Hund interagieren, zeige ich dadurch den Weg, wie sie es schaffen, durch innere Ruhe und Ausgeglichenheit in stressigen Situationen positiv auf ihr Tier einzuwirken – oder wenn man so will: ein Vorbild zu sein.

Wie wichtig das ist, weiß ich genau: Angst oder Unsicherheit sind aus meiner Erfahrung die häufigsten Ursachen für Probleme zwischen Hund und Halter. Die Angst, gleich am Anfang bei der Erziehung etwas falsch zu machen. Die Angst vor dem Aggressionsverhalten des eigenen Hundes. Oder die Angst vor fremden Hunden, vor großen Hunden oder Hunden, die vielleicht gleich um die Ecke biegen. Bestimmt haben Sie auch schon mal von »Vampirbeziehungen« gehört. Hundebesitzer, die mit ihren Schützlingen das Tageslicht meiden und wie Vampire nur noch spätnachts und im Morgengrauen unterwegs sind. Sie sind getrieben von der Angst, anderen Hunden zu begegnen, getrieben von der Angst, es könnte wieder eskalieren. Nicht dass wir uns falsch verstehen: Aggressives Verhalten von Hunden gegen Menschen oder Artgenossen ist nicht zu tolerieren und als Hundebesitzer trägt man eine sehr große Verantwortung, sich diesem Problem gemeinsam mit seinem Hund zu stellen. Versucht man diesen Momenten einfach nur zu entfliehen, gibt man sich und seinem Hund keine Möglichkeit, sich dem Problem und dessen Ursache zu stellen. Man belügt sich selbst. Denn irgendwann wird trotz aller Vorsichtsmaßnahmen, egal wie spät in der Nacht oder wie früh am Morgen es ist, doch ein anderer Hund um die Ecke biegen. Und was dann?

DIE HÄUFIGSTEN URSACHEN FÜR PROBLEME ZWISCHEN MENSCH UND HUND SIND ANGST UND UNSICHERHEIT.

Ängste und Unsicherheiten können sich so weit steigern, dass am Ende die Angst vor der eigenen Angst jede vernünftige Kommunikation und Interaktion mit dem lieb gewonnenen Familienmitglied torpediert.

Unsichere Menschen neigen dazu, Situationen, die ihnen unangenehm sind oder Ängste hervorrufen, zu vermeiden, und wenden diese Strategie auch im Zusammenleben mit ihrem Hund an. »Was für mich gut funktioniert, hilft vielleicht auch bei meinem Hund«, denken sie. Tatsächlich ist es aber genau umgekehrt. Wenn einen das Verhalten seines Hundes in einer bestimmten Situation verunsichert und man daraufhin versucht, diese Situationen in Zukunft instinktiv zu vermeiden, verstärkt man schleichend das Problem. Ein gefährlicher Teufelskreis aus Vermeidung und Verleugnung entsteht.

Dabei geht es mir nicht nur um aggressives Verhalten. Die Leidtragenden sind Hunde, die nicht mit im Auto fahren können oder panische Angst vor öffentlichen Verkehrsmitteln haben, die nicht in der Lage sind, Treppen zu steigen, oder panisch reagieren, wenn sich ihnen Männer nähern.

Die Unsicherheit, wie man als Hundebesitzer und unsicherer Mensch in solchen Situationen mit der negativen Reaktion seines Hundes umgeht, ist stärker als die Motivation, gemeinsam mit dem Hund daran zu arbeiten. Man vermeidet sie einfach, drückt sich davor und gibt dieser Situation dadurch unbewusst noch mehr Bedeutung, macht sie viel größer, als sie vielleicht ist.

Meideverhalten ist keine Lösung, Konsequenz schon

Mein besonderes Augenmerk bei den Menschen, die mich mit ihren Hunden besuchen, ist darauf gerichtet, mich in die Gefühle und Beweggründe ihres Handelns hineinzufühlen. Ich verstehe, dass eine latente Unsicherheit dazu verleitet, schneller in ein klassisches Meideverhalten abzudriften, als sich den Gegebenheiten zu stellen. Ich frage dann: »Flucht oder Angriff, welche Option wollen Sie wählen?« »Ich weiß es nicht«, lautet häufig die Antwort. Dabei brauchen Hunde, als soziale Lern- und Rudeltiere, uns – ihren Menschen – als zuverlässigen Kompass, der sie sicher durchs Leben lenkt. Der ihnen unsere Welt konsequent in »rote« und »grüne« Bereiche aufteilt. »Hier darfst du, hier nicht. Das ist gewünscht, das auf keinen Fall. Das ist der Rahmen, innerhalb dem du dich entspannt an mir orientieren kannst.« Ich weiß: Das sagt sich so leicht. Aber Unsicherheit ist die Triebfeder für Willkür und damit kommen Hunde nun mal nur schwer klar. Und unsichere Zeitgenossen neigen dazu, häufig mal so, mal so zu entscheiden.

HEUTE SO, MORGEN SO: DAMIT KOMMEN HUNDE NUR SCHWER ZURECHT.

Eigentlich darf der Wuschel zu Frauchen Petra immer auf die Couch, nur wenn deren Wochenendfreund, der Max, da ist, eben nicht. Max hat nämlich was gegen Hunde und duldet keinen zweiten »Prinz« auf der Couch. Dann muss der Wuschel sofort runter. Es sei denn, der Weekend-Romeo und das Frauchen blockieren für gemeinsame »Aktivitäten« das Schlafzimmer und wollen ungestört sein. Dann darf er gerne rauf. Aber danach bitte sofort wieder runter. Am Sonntag, der Tatort flimmert im Fernseher und Max ist abgereist, muss der Wuschel auf der Couch gegen die Einsamkeit mitkuscheln. Konsequent sein geht anders und eben nur dann, wenn man keine Angst vor den daraus resultierenden Konsequenzen hat. Hund immer auf die Couch? Da könnte man ja den Freund verlieren! Hund immer runter von der Couch? Das

Couch oder nicht Couch? Das kann jeder handhaben, wie er will. Wichtig ist nur, dass die Entscheidung anschließend konsequent durchgezogen wird.

hält man emotional nicht aus! Dabei geht es gar nicht um Schwarz oder Weiß, sondern um die Glaubwürdigkeit als Rudelchef – übrigens auch dem Max gegenüber. Denn was spricht dagegen, wenn der Hund, sagen wir mal auf einer Decke, am Fußende der Couch mitchillen darf, wenn die Wochenendbeziehung da ist? So oder so, zu einer Entscheidung sollte man sich durchringen. Denn Hunde fühlen die kleinste Unsicherheit in unserm Handeln und springen blitzschnell in jede noch so kleine Lücke. Übrigens: Beim Thema Couch fällt die Entscheidung der meisten Hunde zu 99,5 Prozent pro Sofa aus. Hand drauf, wenn Petra weiter so viel Tamtam um die Couch macht, dauert es nicht lange, dann hat der Wuschel die Faxen dicke, sitzt knurrend auf dem Sofa und schnappt nach dem Freund und allem und jedem, der ihn von seiner »hart erkämpften« Couch wieder herunterbefördern will.

Schritt für Schritt Neues wagen

Hunde sind unheimlich tolerant gegenüber uns Menschen. In den vielen Tausend Jahren unseres gemeinsamen Zusammenlebens haben sie sich unserem Lebensstil immer wieder angepasst. Und trotzdem ist dabei etwas Wichtiges im Umgang mit ihnen verloren gegangen: eine besondere Art von Natürlich-

Für das seelische Wohlbefinden ist es wichtig, dass Hunde ihre Außenwelt erkunden. Wenn sie noch jung oder unsicher sind, liegt es jedoch in unserer Verantwortung, das richtige Maß zu finden.

keit oder auch Naturverbundenheit, die in unserer Zivilisation weitgehend nicht mehr existiert. Wir Menschen vertrauen immer mehr auf Fakten und Zahlen, brauchen Bilder und Beweise, anstatt auf unser Bauchgefühl zu hören. Genau das fällt unsicheren Menschen besonders schwer. Sie fühlen sich von Ratgeberseiten im Internet magisch angezogen. Googeln jedes noch so kleine Problem mit ihrem haarigen Schützling und versuchen so, nach Abwägung aller Fakten (und davon gibt es jede Menge unterschiedliche im World Wide Web) eine Entscheidung zu treffen. Ich lernte einen unglaublich lieben Cockerspanielwelpen in der Nähe von Düsseldorf kennen, der mit 19 Wochen außerhalb seines Hauses noch nie etwas anderes betreten hatte als den heimischen Garten. Wobei ihm noch nicht mal der 1000 Quadratmeter große, im japanischen Stil angelegte »Park« für Erkundungen zur Verfügung stand, was ja unter Umständen noch vertretbar gewesen wäre. Es wurde ihm lediglich ein ca. zehn Quadratmeter großes eingezäuntes Fleckchen Wiese zwischen Koiteich und Rotahorn zum täglichen Verrichten seiner Notdurft zugebilligt.

Keine Gassirunden draußen heißt auch keinen Kontakt zu anderen Hunden, bedeutet Lücken bei der Sozialisierung, was wiederum zu einem extrem unsicheren, gestressten Verhalten beim Kontakt mit anderen Hunden führte.

»Warum seid ihr mit dem Hund nicht einfach raus in die Natur gegangen?«, wollte ich wissen. »Im Internet stand so viel Unterschiedliches. Pro Monat soll man nur fünf Minuten Gassi gehen und die ersten Wochen vorsichtig sein. Da haben wir im Garten eben was eingerichtet.« Die Unsicherheit in dieser Antwort war immer noch deutlich zu erkennen. Warum war es den frischgebackenen Hundeeltern nicht möglich, auf ihr Bauchgefühl zu vertrauen?

Bevor ich dazu komme, noch ein paar Worte zur berühmten Faustregel »5 Minuten Gassi gehen pro Monat«: Wenn ein Welpe einzieht, ist bei jedem Besitzer anfangs die Aufregung und Motivation groß. Am liebsten würde man allen den süßen Neuzugang zeigen. Ihn überall mit hinnehmen und gemeinsam die Welt entdecken. Hahahaaaaalt, Stopp! Das würde jeden Welpen im Alter von acht bis zehn Wochen überfordern. Welpen müssen die Chance bekommen, erst einmal anzukommen und sich an ihr neues Zuhause zu gewöhnen. Denn alles ist plötzlich anders. Alles ist plötzlich neu und wird auf einer Skala von »unheimlich« bis »megaspannend« eingestuft. Wolfsjunge verlassen erst mit ca. 16 Wochen die schützende Welpenhöhle und haben auch erst dann zum ersten Mal Kontakt zu den anderen Mitgliedern ihres Rudels. Wir Menschen entreißen die kleinen Hundebabys viel früher dem Schutz der Mutter und der Gemeinschaft der Wurfgeschwister. Deshalb liegt es in unserer Verantwortung, den Welpen die ersten Tage und Wochen nicht komplett zu überfordern, sondern ihm Zeit und Ruhe zur Eingewöhnung zu geben. Wie bei Kindern auch gilt dabei: Jeder Hund ist ein Individuum und hat einen anderen Charakter. Manche Kleinen strotzen nur so vor Neugierde und Tatendrang, andere sind eher schüchtern und brauchen noch etwas Zeit und Nestwärme. Was das Thema »Erkunden der Außenwelt« oder »kurz Gassigehen« angeht, rate ich daher jedem, ein guter Beobachter zu sein. Denn es gibt keine wissenschaftlich fundierte Regel oder Tabelle, die festlegt, dass fünf Minuten Gassi pro Lebensmonat oder eine Minute pro Lebenswoche die Ideallinie für den Hund ist. Das ist absoluter Blödsinn. Ein dreieinhalb Monate alter Border Collie dürfte demnach nur ca. 15 bis maximal 17 Minuten am Tag nach draußen. Ja, das schreit doch förmlich nach Unterforderung. Kein Wunder, wenn derart gelangweilte Hunde sich dann andere Beschäftigungen suchen. Die Top 3 der Verhaltensauffälligkeiten von unterbeschäftigten Welpen sind übrigens: Gegenstände zerkauen, ständiges Bellen und in Hosenbeine, Ärmel und Hände beißen.

FELLNASEN BRAUCHEN ABENTEUER. IMMER NUR IM GARTEN HERUMZUSCHNÜFFELN LASTET SIE NICHT AUS. DAHER MÜSSEN WIR IHNEN DIE WELT ZEIGEN.

Aufs Bauchgefühl hören

Wir sind mit Khaleesi bereits mit 13 Wochen ganz ruhig und kontrolliert eine Stunde in den Englischen Garten gegangen. Mit Schleppleine und Geschirr waren wir gemeinsam auf Entdeckungstour, unser Hundebaby immer im Blick. Wurde ihr die Aufregung zu viel, haben wir zwischendurch entspannte kleine Pausen eingelegt, uns einfach zusammen auf eine Bank oder ans Flussufer gesetzt und die Welt um uns herum beobachtet. Wir haben unserem Bauchgefühl vertraut, nicht mehr und nicht weniger.

Aber was ist Bauchgefühl überhaupt? Eine emotionale, nicht vom Verstand geleitete Einschätzung, besagt das Lexikon. Verständlich, dass die meisten Menschen im Zusammenleben mit ihrem Hund eher selten darauf zurückgreifen. Gerade unsichere Typen benötigen für ihr eigenes Sicherheitsgefühl zusätzlich immer mehrere Fakten, am besten aus unterschiedlichen Quellen, denn sie wollen auf gar keinen Fall etwas falsch machen. Dabei ist das Bauchgefühl viel gründlicher und schneller als unser Kopf. Im Lexikon wird das wissenschaftlich so beschrieben: »Der Prozess dahinter ist einfach, aber effektiv. Sie haben ein Erlebnis, eine Erkenntnis oder bekommen eine Information. Das wird alles in einer Art körpereigenen Archiv abgespeichert. In einer Entscheidungs- oder Gefahrensituation ruft die Intuition genau das im Archiv ab, was sie gerade braucht.« Dabei sind immer Gefühle und Emotionen im Spiel, die wie Hashtags oder Suchbegriffe die Erlebnisse im Unterbewusstsein verwalten und uns den Zugriff darauf erleichtern. Psychologen sind sogar der Meinung, dass sich das Bauchgefühl trainieren lässt. Durch Achtsamkeit für bestimmte Situationen im Alltag und die Sensibilität für die dabei auftretenden Gefühle.

WER AUF SEIN BAUCHGEFÜHL HÖRT, ERKENNT BALD, WIE VIEL ER SEINEM WELPEN ZUMUTEN KANN.

Das, was uns Menschen schwerfällt, ist für Hunde ganz leicht. Hunde lassen sich in vielen Situationen von ihrer Intuition leiten – und genau das ist es, was besonders unsichere Menschen von ihrem Vierbeiner lernen können.

Den Hund beobachten und verstehen

Unsicherer Mensch, unsicherer Hund? Ganz so einfach ist es nicht. Denn unser unsicheres oder ängstliches Verhalten und die Spiegelungen beim Hund sind mitunter wesentlich subtiler. Vor allem aber sind Hunde tolerant gegenüber den verschiedensten Hundehaltern und ihrer Persönlichkeit – erst mal. Denn Hunde spüren sehr schnell, ob ihr neuer Lebenspartner Führungsqualitäten besitzt und sie in die Beziehung auf Lebenszeit mit einbringt. Sie fragen sich:

»Trifft er für mich die richtigen Entscheidungen oder geht er den Weg des geringsten Widerstandes? Hatte ich die Chance, von klein auf bestens sozialisiert zu werden, oder hat er mich aus Angst eher isoliert und von allem ferngehalten? Ist er in seinen Emotionen berechenbar oder muss ich bei ihm immer auf der Hut sein, weil ich nicht vorhersehen kann, wie er als Nächstes reagiert? Schützt er mich konsequent in kritischen Situationen oder muss ich ständig auf mich selbst aufpassen? Macht er sich die Mühe, meine Signale zu verstehen, oder ist unsere Kommunikation eine Einbahnstraße?«

Muss ein Hund für sich ständig die erste Alternative mit Nein, die zweite mit Ja beantworten, wird er über kurz oder lang die Beziehung zu seinem Menschen infrage stellen. Hunde, die mit einer der oben genannten Gegebenheiten zurechtkommen müssen, können in bestimmten Situationen plötzlich deutlich unsicherer oder ängstlicher reagieren als ihre Artgenossen. Manche sind schneller gestresst oder erschöpft, andere erscheinen ständig überdreht und hektisch. Besonders die Erlebnisse und Eindrücke der ersten Wochen, während der Sozialisierungsphase also, prägen das Verhalten eines Hundes ein Leben lang.

Wer aus Bequemlichkeit seinem Hund nicht ermöglicht, andere Hunde kennenzulernen, riskiert, dass er sozial immer weniger kompatibel wird. Deshalb empfehle ich jedem den Besuch einer verantwortungsbewusst geführten Welpengruppe, kontrollierte Hundebegegnungen, Ausflüge in die Stadt oder das Kennenlernen von unbekannten Außenreizen, wie Tieren, Natur oder Zugfahrten. Das alles steigert die Resilienz eines Hundes. Doch der entscheidende Punkt dabei ist, seinem Hund das Gefühl des Vertrauenkönnens zu vermitteln und ihm zu signalisieren: »Ich bin als dein Teampartner in jeder Situation für dich da.«

Ich will ehrlich sein: Das geht nicht immer gleich vom ersten Moment an. Gerade für einen Hundeeinsteiger ist es zuweilen ganz schön knifflig zu erkennen, wie es seinem Hund gerade geht. Die Sprache des Hundes, also seine komplette nonverbale Kommunikation, zu verstehen erfordert etwas Erfahrung. Die kommt aber mit der Zeit, wenn man bereit ist, sich darauf einzulassen. Dann erkennt man immer schneller, wann die Fellnase von einer Situation überfordert ist, und kann diese am besten vorher bereits beenden. Für seinen Hund der sichere Hafen zu sein, in dessen Arme er jederzeit zurückkehren kann, wenn er das Bedürfnis danach hat, fühlt sich nicht nur für das Tier, sondern auch für den Menschen gut an.

Für ein Individuum da zu sein und zu spüren, dass es ihm durch das eigene Handeln gut geht, dieses wohlige, glücklich machende Gefühl wird durch das Bindungshormon Oxytocin ausgelöst. Wie ein unsichtbares Band, gewoben aus Liebe, Vertrauen, Schutz und Sicherheit, bindet es einen Menschen und seinen Hund immer intensiver aneinander. Man rückt näher zusammen, körperlich und mit dem Herzen.

Loben nicht vergessen

Awareness, also Achtsamkeit, gegenüber den seelischen Bedürfnissen seines Hundes ist das eine, die praktische Umsetzung das andere. Unsere Hunde sind wie kleine Kinder, die aus einer anderen Welt zu uns gekommen sind. Sie sprechen nicht unsere Sprache, aber hören unsere Gedanken. Das ist ein großes Problem. Unsichere Menschen sind oft zögerlich, wenn es um klare Bekenntnisse geht. Nein sagt sich in der Erziehung, egal ob bei Hund oder Kind, immer so leicht. Wir sind viel schneller im Diktieren, was wir nicht wollen – dem Nein –, als das auszudrücken, was wir wollen – das Ja. Menschen besitzen die Intelligenz, sich irgendwann zusammenreimen zu können, was eigentlich oder anstatt gewünscht ist, wenn sie als Reaktion auf ihr Handeln ständig ein »Nein, nein!« zu hören bekommen. Hunde aber nicht! Wie sollen sie so begreifen, was wir eigentlich gerne hätten?

Damit auch sie schnell verstehen, was wir von ihnen wollen, ist es wichtig, schon von Anfang an ihr entspanntes und gewünschtes Verhalten zu loben und zu belohnen. Genauso wichtig ist es, unerwünschtes Verhalten behutsam, aber konsequent abzubrechen. Übervorsichtige Hundebesitzer meiden aus Unsicherheit und Angst vor negativen Erfahrungen viele dieser Situationen und wundern sich später, woher die Probleme kommen. Dabei genügt ein intensiver Blick auf ihren Hund, um sich darüber klar zu werden, was sie an ihrem eigenen Verhalten ändern müssen, damit ihr Hund sich ändern kann.

ACHTSAMKEIT AN DER LEINE: VERANTWORTUNG ÜBERNEHMEN

Hunde von unsicheren Menschen reagieren häufiger aggressiv an der Leine als Hunde von Menschen, die vorausschauend die Bedürfnisse ihres Vierbeiners erkennen oder die – auf den Punkt gebracht – einen Plan haben. Konkret meine ich damit: In dem Moment, wo man den Karabiner am Halsband oder Geschirr des Hundes einklinkt, ist man in der alleinigen Verantwortung. Denn Hunde an der Leine können leider nur noch sehr eingeschränkt mit anderen Hunden kommunizieren oder Situationen meiden, die sich für sie nicht gut anfühlen. Daher ist es am Menschen, vorausschauend den Weg im Auge zu behalten. Was und wer kommt uns da entgegen? Nehme ich meinen Hund besser früh schützend auf die abgewandte Seite oder gehe ich am besten in

Lob ist wichtig, um Hunden zu zeigen, dass man ihre Bemühungen (und Bedürfnisse) anerkennt.

einem größeren Bogen zügig an der Situation vorbei? Hier können unsichere Menschen lernen, schnell Entscheidungen zu treffen und für ihren Hund Partei zu ergreifen. »Wie soll ich das machen?«, fragen sich jetzt sicher einige gestresste Hundeeltern. »Unser Hund ist zu Hause ein Lamm, aber draußen, wenn andere Hunde kommen, rastet er regelmäßig aus.« Ich kann Sie beruhigen: Es reicht in den meisten Fällen schon, wenn Sie an Ihrer Einstellung arbeiten. Stellen Sie sich vor, wie Sie ein kleines Kind, sagen wir vier Jahre alt, über das Münchner Oktoberfest führen würden: Überall sind Buden mit verlockenden Gerüchen und flackernden Lichtern. Laute Musik, Tausende von Besuchern, eine Million Eindrücke. Sie manövrieren sich und das Kind durch den Strom fremder Menschen. Angetrunkene Wildfremde torkeln direkt auf sie zu, Leute kreischen oder lachen laut direkt neben ihnen. Was, glauben Sie, fühlt dieses kleine Kind in dem Moment und was für einen Partner braucht es an seiner Seite? Jemand, der sich ziellos einfach ins Getümmel stürzt, hektisch den Ausgang sucht und es gestresst hinter sich herzieht? Oder jemanden, der es bestimmt an die Hand nimmt und mit ruhiger Stimme sagt: »Ich halte dich fest, bleib bei mir, ich passe auf dich auf, dir kann nichts passieren«?

NUR WENN IHR HUND SPÜRT, DASS SIE SICH WIRKLICH UM IHN KÜMMERN, KANN ER SICH FALLEN LASSEN UND EINFACH FOLGEN.

Das Gefühl, sich fallen lassen zu können, weil sich jemand um unsere Bedürfnisse kümmert, kennen vermutlich die meisten. Es sind häufig frühkindliche Erlebnisse mit einer Bezugsperson, die uns die Fähigkeit geschenkt haben zu vertrauen. Heute, wir sind schon längst erwachsen, greift unser Unterbewusstsein in stressigen Situationen auf diese Erfahrungen zurück und lässt uns ruhig und besonnen agieren. Vertrauen schafft Bindung und weil bei all diesen kleinen Momenten des Vertrauenkönnens das Bindungshormon Oxytocin durch unseren Körper flutete, begünstigte es unsere Fähigkeit später, als erwachsene Menschen in Krisensituationen sicher und souverän zu agieren. Ein Großteil der Hunde braucht dieselben Erfahrungen, um mit ihrem Bindungspartner entspannt interagieren zu können und sich in unserer Zivilisation, der Welt der Menschen, zurechtzufinden.

Entspannt Gassi gehen

Für die meisten Vierbeiner ist die gemeinsame Zeit mit uns draußen die wichtigste Zeit des Tages. Klar, ich weiß aus eigener Erfahrung, dass nicht jeder Tag die Möglichkeit für zwei mehrstündige Touren bietet. Wir sind beruflich mal stärker, mal weniger stark eingebunden und an manchen Tagen fordert die Familie unsere volle Aufmerksamkeit mehr als an anderen. Für Hunde ist es grundsätzlich kein Problem, ihre Bedürfnisse nach langen Ausflügen mal für zwei, drei Tage zurückzustellen. Auch spielt ihr Alter und die gesundheitliche Verfassung eine nicht zu unterschätzende Rolle. Und natürlich das Wetter – zumindest bei einigen Rassen. (Mein Mops kann ein Lied davon singen.)

Wenn Ihre Persönlichkeit eher dem Typ »unsicher und zurückhaltend« entspricht, habe ich hier ein paar Tipps, wie Sie zusammen mit Ihrer Fellnase beim Gassigehen Sicherheit trainieren können. Das Zauberwort heißt Struktur.

- **Strukturieren Sie Ihren Spaziergang.** Laufen Sie nicht einfach drauflos, sondern überlegen Sie sich vorher genau, welche Route Sie wählen. Gehen Sie vielleicht in einen Wald? Braucht Ihr Hund ein Geschirr und wäre dann eine Schleppleine von Vorteil? Sind dort, wo Sie hinwollen, auch andere Hunde unterwegs? Wer/was könnte Ihnen begegnen? Je besser Sie sich vorbereiten, desto entspannter sind Sie und Ihr Hund.
- **Handyfreie Zone.** Was bei einem Date oder einem intimen Dinner mit Freunden selbstverständlich ist, sollte auch für die Me-Time mit Ihrem Hund gelten: Das Handy bleibt aus oder in der Tasche. Ihre Fellnase hat Ihre volle Aufmerksamkeit verdient. Hunde spüren sehr schnell, ob Sie als Ihr Partner mit Herz und Verstand bei ihm sind. Ansonsten suchen sie sich eine andere Beschäftigung.
- **Vorausschauend sein.** Wenn Sie mit einem Hund zusammenleben, der an der Leine bei Hundebegegnungen oft nach vorne geht, bellt und zieht, ist das vielleicht ein Zeichen von Unsicherheit. Die Ursache kann unterschiedlicher Natur sein, aber so oder so sind diese Momente für Ihren Hund, für Sie und für den anderen Hundehalter unangenehm. Jetzt sind Sie in der Pflicht, Ihrem Hund die nötige Sicherheit zu geben. Er braucht das Gefühl, dass Sie die Situation beherrschen, damit er sich an der Leine entspannen kann – und Sie auch! Haben Sie deshalb beim Spaziergang immer Ihre Umgebung im Blick. Klipp und klar bedeutet vorausschauend sein: Wenn Ihr Hund etwas, was ihn verunsichert, vor Ihnen bemerkt, waren Sie zu langsam!
- **Souverän und konsequent.** Wenn Sie zum Beispiel bemerken, dass Ihnen eine andere Fellnase entgegenkommt, rufen Sie Ihren Hund sofort ruhig und bestimmt zu sich und leinen ihn an. Ist er bereits angeleint, nehmen Sie ihn souverän hinter sich auf die schützende, das heißt auf die vom Geschehen abgewandte Seite. Gehen Sie dabei zügig weiter und bleiben Sie nicht stehen. Wenn Sie Ihren Hund dabei noch motivieren, fällt es ihm leichter, Ihnen zu folgen.

Es gibt im Grunde keine bessere Gelegenheit als das Gassigehen, um Hunden zu zeigen, dass sie sicher aufgehoben sind.

- **Sicherheit braucht Platz!** Vergrößern Sie den Abstand zum anderen Hund. Gehen Sie zusammen in einem großen Bogen am Geschehen vorbei. In der Stadt kann das auch bedeuten, die Straßenseite zu wechseln, im Wald, einfach dem Weg großzügig auszuweichen. Vergrößern Sie den Bogen so lange, bis Ihr Hund beginnt, sich zu entspannen. So zeigen Sie ihm, dass Sie seinem Bedürfnis nach mehr Raum nachkommen und ihn ernst nehmen.
- **Cool und entspannt bleiben**. Ihr Hund ist an der Leine und er trägt ein Geschirr. Nichts kann passieren. Versuchen Sie, die ganze Zeit bestimmt, aber ruhig zu bleiben. Lassen Sie sich von der Unruhe Ihres Hundes nicht anstecken. Ihre ruhige Ausstrahlung wird sich auf Ihren Hund übertragen.
- **Ruhephasen:** Genießen Sie zusammen für ein paar Minuten intensiv die Zweisamkeit in der Natur. Suchen Sie sich gezielt einen ruhigen Platz oder eine Bank, wo Sie beide für mindestens zehn Minuten eine Pause machen. Geben Sie Ihrem Hund die Möglichkeit, die bisher gemachten Eindrücke zu verarbeiten. Vielleicht bieten Sie ihm eine Kaustange oder ein Spielzeug an? Ich sitze mit meinen Hunden am liebsten für eine Viertelstunde am Deich und beobachte gemeinsam mit ihnen die vorbeifahrenden Schiffe. Sonst nichts. Hunde lieben es, nur zu beobachten. Danach ziehen wir entspannt weiter.

VERGESSEN SIE NICHT: IHR HUND KANN IMMER NUR SO ENTSPANNT SEIN WIE SIE SELBST.

- **Richtig loben**: Loben Sie Ihren Hund auch beim Gassigehen einfach mal fürs Nichtstun. Wenn er entspannt neben Ihnen herläuft, entspannt neben Ihnen sitzt und die Natur betrachtet oder Ihnen einfach nur einen aufmerksamen kurzen Blick schenkt. Geben Sie ihm das Gefühl, dass Sie dieses Verhalten an ihm schätzen. Das gibt ihm Orientierung, motiviert ihn, genau dieses Verhalten öfter zu zeigen, und unterstützt die Bindung.

Gerade Hundebegegnungen erfordern von uns immer wieder ein ruhiges, vorausschauendes und bestimmtes Handeln. So etwas kann man nicht von heute auf morgen lernen. Übung macht wie so oft den Meister – und Erfahrung. Vielleicht können Sie den technischen Ablauf der oben beschriebenen Hundebegegnung ab und an zusammen mit einem Hundekumpel üben, indem Sie sie einfach nachstellen. Das lässt Sie immer sicherer werden und Sie können die einzelnen Schritte dann fast automatisch abrufen. Umso konsequenter Sie ab sofort in diesen Situationen handeln, umso leichter fällt es Ihrem Hund, sich an Ihnen zu orientieren. Das entspannt nicht nur Sie, sondern gibt Ihnen beiden als Team mehr Sicherheit.

MUT SCHENKEN STATT MITLEIDEN

Unsichere oder ängstliche Menschen bilden auffallend oft eine Lebensgemeinschaft mit ängstlichen Hunden. Vielleicht haben sie ihr eigenes Mindset mit all den persönlichen Zweifeln, Vorurteilen, Erfahrungen und Empfindungen auf ihren Hund übertragen. Der Hund spiegelt dann genau entgegen, wird in seinem Verhalten immer extremer und für seinen unsicheren Menschen immer unberechenbarer: »Warum reagierst du nicht auf meine Bedürfnisse? Wie laut muss ich noch schreien, damit du dein Verhalten änderst?«, scheint er ihm ungeduldig zuzurufen. Wie bei einer tragischen Liebesbeziehung entsteht eine explosive Atmosphäre aus Unsicherheiten und unerfüllten Bedürfnissen, die sich immer und immer wieder gegenseitig befeuert.

Auch ängstliche oder extrem zurückhaltende Fellnasen aus dem Tierschutz finden häufig bei unsicheren Menschen ein neues Zuhause, das hat nicht zuletzt die Geschichte von Marlies und Luna eindrücklich gezeigt (siehe Seite 69 ff.). Hier ist die Spiegelung von Anfang an klar. Der Mensch denkt: »Ich kann mich in dich hineinfühlen, weil ich weiß, wie du dich fühlst. Deshalb bist du bei mir richtig.« Aber ist das wirklich so? Täuscht uns da nicht unsere innere Stimme? Ja, glaube ich – und gleichzeitig auch nicht. Unsichere und zurückhaltende Menschen sind nämlich tatsächlich oft in der Lage, geduldiger und empathischer mit einem unsicheren Hund umzugehen. Darin liegt nicht nur die größte Gefahr für beide, sondern gleichzeitig auch eine große Chance. Ein ängstlicher Hund kann nur dann selbstbewusster oder sicherer werden, wenn ihm sein Partner Mensch auch die Möglichkeit dazu gibt. Das geht nicht, indem man die Situation einfach nur akzeptiert – etwa nach dem Motto: »Ich fühle all das, was mein armer Hund in der Tötungsstation an Qualen erlebt hat, er ist einfach gebrochen …« Diese mitfühlenden Gedanken sind nachvollziehbar und wertvoll, bringen den Hund aber nicht weiter. Dazu muss man ihm von nun an den nötigen Halt geben.

WIR SOLLTEN DIE UNSICHERHEIT EINES HUNDES NICHT EINFACH HINNEHMEN, SONDERN BESTÄNDIG MIT IHM DARAN ARBEITEN, SICHERER ZU WERDEN.

Es ist Zeit, über den eigenen Schatten zu springen

Um einen unsicheren Hund aus seinem Schneckenhaus zu befreien, ist es wichtig, die eigenen tief verwurzelten Selbstzweifel und weggesperrten Emotionen auf den Tisch zu legen und neutral zu betrachten. Mit einem Angsthund zusammenzuleben bedeutet also immer auch, die eigenen Selbstzweifel und Versagensängste zu überwinden. Das tief verwurzelte Gefühl abzustreifen, vielleicht nicht immer gut genug zu sein, zu versagen, nicht verstanden zu werden. Unsichere oder zurückhaltende Hunde brauchen einen Partner an ihrer Seite, der sie souverän, klar, selbstbewusst und trotzdem einfühlsam aus ihrer Isolation herausführt. Aufgrund ihrer Erfahrungen haben sie ein besonders empfindliches Gespür für »echte« Emotionen und hinterfragen ständig, ob ihr Mensch auch wirklich hinter seinem Handeln steht. Das ist für unsichere Menschen leichter gesagt als getan. Denn wer aufgrund seiner eigenen Geschichte über ein weniger starkes Selbstbewusstsein verfügt, traut sich möglicherweise nicht so einfach zu, plötzlich eine Leitfigur zu sein. Überhaupt: Welcher Weg ist denn eigentlich der richtige?

Auf diese Frage gibt es nur eine einzige Antwort: Die Unsicherheit des Hundes nicht einfach hinnehmen, sondern beständig an ihr arbeiten. Das ist zugegebenermaßen nicht immer einfach, dafür profitiert dann aber auch der Zweibeiner extrem. In kaum einer Mensch-Hund-Beziehung sind die Spiegelungen so klar und die damit verbundene Aufforderung, sich gemeinsam zu verändern, so unmissverständlich und gleichzeitig so tief verankert wie in der zwischen einem unsicheren Menschen und seinem Hund. Ängste und Unsicherheiten sind starke Emotionen, die wie die Wurzeln eines alten Baumes tief in unser Unterbewusstsein gewachsen sind. Über die gemeinsame Arbeit und das Training mit dem Hund haben wir auf ganz natürliche Weise die Chance, die Ursachen unserer eigenen Ängste aufzulösen.

DAS KÖNNEN UNSICHERE TYPEN AUS DER SPIEGELUNG LERNEN UND FÜR SICH SELBST MITNEHMEN

- Üben Sie sich darin, selbstbewusster zu werden.
- Schreiben Sie Komplimente auf, die Sie erhalten haben. Und lesen Sie sie immer wieder einmal.
- Lernen Sie sich selbst zu lieben! Beginnen Sie den Tag fröhlich mit Ihrer Lieblingsmusik, nehmen Sie sich Zeit, ziehen Sie Ihr Lieblingsoutfit an.
- Lassen Sie so wenig negative Gedanken wie möglich zu, verbannen Sie Nörgler und negative Menschen aus Ihrem Umfeld und suchen Sie stattdessen den Kontakt zu positiven Dingen und Menschen.
- Setzen Sie sich anfangs einmal die Woche ein kleines Ziel und freuen Sie sich, wenn Sie es erreicht haben.
- Gehen Sie jeden Abend vor dem Einschlafen den vergangenen Tag noch einmal in Gedanken durch und lassen Sie alle schönen Momente Revue passieren. Seien Sie dankbar.
- Meditation regeneriert nachweislich das zentrale Nervensystem.

TYP 5: DER HEKTIKER

Hunde lieben Routinen und Struktur, weil sie sich dann keinen großen Kopf darum machen müssen, dass alles gut läuft. Das sollten wir unterstützen, anstatt sie dem hektischen Alltag einfach ungefiltert auszuliefern.

Vom keinem Geringeren als dem römischen Dichter Horaz stammt der Ausruf: »Carpe diem! Genieße den Tag!«, hierzulande auch bekannt als »Nutze den Tag!«. Das ist aber auch mal wieder so typisch deutsch: Mal eben aus der freundlichen Empfehlung, den Genussgang einzulegen, mit richtig Druck auf Allradmodus umschalten. So wurde aus einem gut gemeinten Rat die wichtigste Grundregel des Zeitmanagements: Anstehende Arbeiten nicht aufschieben, sondern planmäßig abarbeiten. Zack, zack, wenn's geht, noch heute. Dabei hatte unser alter Horaz in seiner »Ode an Leuconoe« etwas ganz anderes im Sinn. Er schickte 23 v. Chr. jedem von Hast und Ungeduld Getriebenen ein Memosheet mit der Aufforderung, die knappe Lebenszeit doch bitte heute zu genießen und dies nicht auf morgen zu verschieben. Ich denke, als Philosoph und Denker erkannte er sehr wohl, wie erstrebenswert es ist, im Hier und Jetzt zu leben. Eine Eigenschaft, für die ich im Übrigen unsere Fellnasen sehr beneide.

JOCHEN UND GIZMO ODER: AUCH PROFIS TAPPEN MAL IN DIE FALLE

Seit einigen Tagen chauffiere ich Gizmo mit dem Auto 100 Meter von unserem kleinen Kapitänshaus vor an die Deichwiesen. Nicht etwa, weil ich den Treibhauseffekt anheizen will, sondern weil unser Opi schlimme Bandscheibenprobleme hat. Eine Operation konnte er umgehen, aber jetzt muss er sich mindestens acht Wochen schonen. Übersetzt: Wenig gehen, nicht springen, alles ganz langsam und vor allem keine hastigen Bewegungen. So übernehme ich zweimal täglich den Fahrdienst. »Warum lasst ihr ihn denn nicht einfach raus in den Garten?«, fragen mich viele. Was dagegen spricht, den Garten als Hundetoilette umzufunktionieren? Mein Mann ist ein echt begabter Hobbygärtner und hat im letzten Jahr seine komplette Freizeit in den Acker hinter unserem Haus gesteckt. Es entstand eine grüne Oase, die den Planeten Naboo aus der Filmreihe »Star Wars« blass aussehen lässt. Gizmos achtwöchige »Pippikacka-Ausflüge« würden in diesem Paradies nicht nur viel verbrannte Erde hinterlassen, sondern auch die sofortige Scheidung nach sich ziehen. Also fahre ich, auch wenn's supernervig und zeitaufwendig ist.

Das Gute an Gizmo ist, dass sein Körper zwar langsam schlappmacht, sein Geist aber noch topfit ist. Als Mensch wäre er ein pensionierter Zollbeamter, der es immer noch nicht lassen könnte, heimlich jede Art von Taschen zu durchsuchen. Seine Hobbys wären Memory oder Kartenspiele (Achtung: Er schummelt!). Gizmo merkt sich blitzschnell, wo essbare Dinge heruntergefallen und womöglich in irgendeiner Ritze oder unter einem Möbel verschwunden sind, und versucht auch noch Tage später, diese Schätze rauszufummeln. Dementsprechend hatte mein Mops nach nur zwei Dienstfahrten zur »öffentlichen Toilette am Deich« blitzschnell eins und eins zusammengezählt und gecheckt, dass wir beide dort nicht zu einem langen Gassiwalk aufbrachen, sondern ein geordneter Rückzug gewünscht war, sobald er seine Notdurft erledigt hatte. »Das läuft ja«, dachte ich mir auf der kurzen Rückfahrt und war froh, diesen Punkt auf meiner Agenda als »schnell erledigt« abhaken zu können. Wobei wir wieder beim Zeitmanagement und dem alten Onkel Horaz wären. Denn ich bin eher der Typ »Genieße den Tag« als der pragmatische »Nutze ihn«. Heißt: Zeitmanagement und ich stehen öfter auf Kriegsfuß. Und so war es nicht weiter verwunderlich, dass genau diese Routine, die jeden Tag so entspannt ablief, zur bisher größten Herausforderung in Gizmos und meinem gemeinsamen Leben werden sollte und unsere Beziehung beinahe zum Einstürzen brachte.

Pipirunde à la Gizmo

Ich hatte es mal wieder megaeilig und mein Zeitmanagement über den Haufen geworfen. Der Zug nach Hamburg wartete und mein Zeitfenster betrug exakt 33 Minuten. 3 Minuten, um zur Pinkelwiese zu fahren, 8 Minuten, damit Gizmo seine Geschäfte erledigte, 3 Minuten, um ihn zurück nach Hause zu fahren, und 15 Minuten, um ihn dort auszuladen, selbst wieder ins Auto zu steigen und zum Bahnhof zu düsen. Dort würde mein Zug dann noch genau 4 Minuten auf mich warten. »Klingt nach einem Plan, aber nach einem schlechten«, höre ich meine Leser denken. Warum? Nun, diese Frage konnte ich mir am Anfang selbst nicht einfach so beantworten, aber alles der Reihe nach …

An der Wiese angekommen, spürte ich, wie der Zeitdruck immer mehr in mir aufkeimte. Aber Gizmo, der seit mindestens drei Wochen so zuverlässig wie ein Schweizer Uhrwerk an diesem Platz geliefert hatte, machte überhaupt keine Anstalten, wie gewohnt seinen Geschäften nachzugehen. Schnuppern hier, schnüffeln da, einfach das Näschen in den Wind halten und Nordseeluft riechen: Gizmo erschien mir wie in Zeitlupe und nervös checkte ich meine Uhr. Noch 21 Minuten, bis der Zug ächzend aus dem Bahnhof rollen würde. Ohne mich! Das durfte nicht passieren. »Gizmo«, raunzte ich meinen Mops an, der gerade damit beschäftigt war, genüsslich kondensierten Morgentau von einem Grashalm zu lecken. »Mach hin, jetzt! Kacka, komm. Los, Beeilung!« Ich spürte, wie sich 1000 kleine Schweißperlen auf meinem Rücken sammelten, und ich rechnete jeden Moment mit einer Panikattacke. Gizmo machte aber keinerlei Anstalten, auch nur geringfügig zu kooperieren. Vielleicht ein Minipinkler auf der einen Seite, dann wieder Geschnüffel auf der anderen. »Ja, verdammt noch mal«, machte ich meinem Frust Luft, »das machst du doch extra! Was habe ich dir denn getan? Seit drei Wochen spiele ich für Mister Daisy hier den Chauffeur und du willst mir jetzt nicht wirklich zeigen, wer bei uns die Hosen anhat!«, explodierte ich. »Das ist doch pure hinterhältige Absicht, mich gerade heute so dermaßen auflaufen zu lassen. Wegen dir verpasse ich meinen Zug und der ganze Tag ist im Arsch!«

IN DER RUHE LIEGT DIE KRAFT. ABER AUCH ICH VERGESSE DAS MAL.

Die Minuten verstrichen unbarmherzig und mein knapper Zeitplan begann in sich zusammenzustürzen wie die Steine beim Domino Day. Meine Uhr zeigte jetzt noch 17 Minuten bis zur Abfahrt und mir war klar, dass ich diesen Zug endgültig abhaken konnte. In der Ferne ertönte im selben Moment gemächlich das ausgedehnte tiefe Dröhnen eines Schiffshorns. »Time out, Zeit vorbei!« Plötzlich musste ich schmunzeln. Ich spürte, wie sich die Wut auf meinen Hund legte. »Dann nehme ich halt den Zug eine Stunde später.«

Ich nahm ein paar tiefe Atemzüge und saugte die satte, feuchte und salzige Meeresluft tief in meine Lungen. »Das ist ein Grund, warum ich hier direkt ans Meer gezogen bin. Diese Luft …«, dachte ich kurz. An manchen Tagen ist sie zum Schneiden dick und es fühlt sich an, als könnte man sie kauen und herunterschlucken. So weich ist sie, so rein, so unglaublich reichhaltig an

Mineralien und gesättigt mit purem Sauerstoff. Jetzt gerade strömte sie mit jedem Atemzug in sämtliche Kapillaren meiner Lunge. Meine Gedanken beruhigten sich. Ganz ehrlich, was brachte es schon, dem armen Gizmo die Schuld zu geben. Ich war es doch, der (mal wieder) auf ganzer Linie versagt hatte. Ob ich jetzt eine Stunde früher oder später nach Hamburg kam, was soll's? Mein Termin würde sich sicher verschieben lassen. Ich hatte diesen Gedanken noch nicht zu Ende gedacht, da begab sich mein Hund in seine berühmte dreibeinige Hockstellung und begann, sich entspannt zu lösen.

Die zwei Seiten des Spiegels

Was kann man aus Situationen wie diesen als Hundebesitzer mitnehmen? Das Allerwichtigste: Hunde machen nichts absichtlich, um uns zu ärgern, sich an uns zu rächen oder uns etwas heimzuzahlen. Ich habe dieses Erlebnis aufgeschrieben, weil es ein wunderbares Beispiel für eine Spiegelung ist, die gleich in mehrere Richtungen funktioniert. Es gibt nämlich verschiedene Ansatzpunkte, nicht nur einer ist der richtige. Viel wichtiger ist aber ohnehin, was es uns im Umgang mit unserem Hund lehrt. Zum einen das Phänomen der Stimmungsübertragung: Druck erzeugt Gegendruck. Wer mit Pferden zu tun hat, kann ein Lied davon singen, wie aussichtslos es ist, so ein Riesentier einfach so von sich wegzuschieben. Am Putzplatz oder an der Box etwa. Keine Chance! Das Pferd wird vehement dagegenschieben. Genauso ist es auch bei Hunden und bei uns Menschen. Mein Stress und meine Aufregung hatten sich definitiv auf meinen Mops übertragen. Meine schlechte Laune, der unterschwellige Druck, dann meine offene Wut gegen ihn: Gizmo konnte sich einfach nicht wie sonst üblich entspannen. Keine Chance! Er war blockiert und hat seine Kooperation einfach eingestellt.

Und dann gibt es noch die Spiegelung in die entgegengesetzte Richtung. Unsere Fellnasen besitzen eine unglaublich hohe Sozialkompetenz. Sie haben wirklich ein Näschen für den psychischen und physischen Zustand ihres Teampartners oder Rudelmitglieds. Im direkten Vergleich zu uns Menschen besitzen unsere Vierbeiner nämlich ca. 100 Millionen mehr Riechzellen und deshalb sind sie in der Lage, mit der Nase Dinge zu »sehen«, während wir Menschen völlig im Dunkeln tappen. Darüber hinaus teilen sich Hunde, wie viele andere Lebensformen auch, über eine für uns Menschen unsichtbare Kommunikationsform mit: über Gerüche, genauer gesagt Pheromone. Sie haben für diesen chemischen Botenstoff einen ganz besonderen Riecher – und sogar ein eigenes Organ: das Jacobson-Organ oder Vomeronasalorgan. Diese Art Speziallabor schickt jedes noch so winzig kleine Geruchsmolekül

»MEIN ›OPI‹ SCHENKT MIR GENAU DIE RUHE, DIE MIR SONST SCHNELL VERLOREN GEHT.«

blitzschnell in den präfrontalen Cortex, wo es analysiert und abgespeichert bzw. mit bereits gespeicherten Gedächtnisinhalten und Bewertungen abgeglichen wird. Deshalb können Hunde nicht nur Drogen erschnuppern oder Krankheiten wie Krebs riechen, sondern bemerken auch die klitzekleinsten Veränderungen in unserem Hormonspiegel. Im Grunde können sie so exakte Vorhersagen über unseren seelischen Zustand treffen, während wir Ahnungslosen vor uns hinwursteln. Anstatt sich auszuklinken und Gegendruck zu erzeugen, hatte Gizmo, teamfähig wie er ist, damals am Strand also einfach versucht, den Druck rauszunehmen, ihm entgegenzusteuern. Mit seinem ruhigen, entspannten Verhalten wollte er mir die Möglichkeit geben, runterzufahren und zu entschleunigen. Das ist ihm auch hervorragend gelungen.

GIZMO HAT GENAU GEWUSST, WIE SEHR ICH UNTER DRUCK STAND. UND ER HAT VERSUCHT, MIR AUF SEINE ART ZU HELFEN, DAMIT ICH WIEDER RUNTERKOMME.

Natürlich habe ich die Zusammenhänge nicht sofort verstanden, sondern musste das Erlebte erst einmal auf mich wirken lassen. Wir glauben ja immer, dass unsere Hunde denken wie wir. Aber das tun sie nicht. Hunde brauchen nicht zu denken wie Menschen, weil sie eh fast alles über uns wissen. Sie haben uns seit nun fast 30 000 Jahren beobachtet und studiert. Wir können ihnen einfach nichts vormachen. Hunde wissen zum Beispiel, dass wir keine Hunde sind, sondern Menschen. Sie sehen uns niemals als Artgenossen, deshalb beeindrucken sie auch die ewig dummen Konzepte der Dominanztheoretiker und deren ganzes »Du-musst-der-Alpha-sein«-Gelaber nicht die Bohne.

Um Hunde zu lenken und sie zu leiten, braucht es im Grunde nicht viel: Klarheit, Konsequenz, buddhistische Ruhe, Geduld und Wertschätzung sind vielleicht die wichtigsten Bausteine. Aber was ist, wenn wir uns mit einer dieser Eigenschaften schwertun oder sie uns vielleicht sogar fehlt? Dann lohnt sich, wie es bei mir der Fall war, der Blick auf unseren Partner auf vier Pfoten. Er wird unser Lehrer sein, der uns zeigt, worauf es ankommt.

STÄNDIG UNTER STROM

Soziologen beobachten schon seit einigen Jahren, dass unser Alltagsstress immer mehr zunimmt. Job, Familie, Work-Life-Balance, Digitalisierung, Homeoffice … Immer mehr Aufgaben müssen wir selbst übernehmen, vom Bankgeschäft über Technikkram wie die Installation eines neuen Routers oder komplizierter Software bis hin zum Schulunterricht. Gefühlt rennt uns die Zeit nur so durch die Finger.

Für viele, nicht nur junge Menschen kommt auch noch der Druck der sozialen Netzwerke dazu. Sie sind Getriebene eines nicht beherrschbaren Systems. Im Extremfall müssen sie ständig alle darüber informieren, was sie tun, essen oder wie es ihnen geht. Ein sinnloses Unterfangen, denn sosehr sie dem glücklichen, erfüllten und luxuriösen Leben anderer auch nacheifern: Es wird immer jemanden geben, dem es noch besser geht, der noch schöner ist, noch schlanker oder noch mehr Wohlstand angehäuft hat.

Viele Menschen hetzen von Termin zu Termin, wollen es allen recht machen, planen und kontrollieren, um möglichst perfekt zu sein. »Hektiker, Workaholic, Verdränger«, sagen andere über sie. Ich persönlich denke, dass dahinter oft die tief verwurzelte Angst steckt, zu kurz zu kommen oder etwas zu verpassen. Es ist verrückt, aber wenn ich ganz ehrlich bin, blicke ich heute teilweise kopfschüttelnd auf die Phase in meinem Leben zurück, in der ich mich ebenfalls von diesen oberflächlichen Idealen habe anstecken lassen. Mehr Geld, mehr Erfolg, mehr Bestätigung von außen. Die Zeit, in der ich die Anerkennung von außen aufgesaugt habe wie ein Schwamm, war die Zeit in meinem Leben, in der mein Selbstbewusstsein porös und am zerbrechlichsten war. Aber die Arbeit mit Hunden und ihren Menschen hat mich auch viel über mich selbst gelehrt. Gut, ich bin immer noch ganz geschickt im Verdrängen unangenehmer Themen. Aber eine kleine Schwäche darf man sich ja mal leisten können, oder was meinen Sie?

TEST: SIND SIE EIN HEKTIKER (GETRIEBENER)?

Wenn Sie mehr als drei der folgenden Fragen mit Ja beantworten, könnte der Auslöser für die Probleme mit Ihrem Hund sein, dass Sie ein hektischer Typ sind.

	Ja	Nein
• Zeigen Sie anderen nur ungern Ihre Schwächen?	☐	☐
• Sind Sie eigentlich ständig auf Trab?	☐	☐
• Wenn Sie einen Wunsch haben, erfüllen Sie ihn sich schnell?	☐	☐
• Regen Sie Leute, die herumtrödeln, auf?	☐	☐
• Können Sie Menschen, die unbekümmert in den Tag leben, nur schwer verstehen?	☐	☐
• Lassen Sie andere in Diskussionen oft nicht ausreden?	☐	☐
• Erledigen Sie Aufgaben möglichst rasch?	☐	☐
• Sind Sie eher nervös?	☐	☐
• Ist Diplomatie nicht so Ihr Ding?	☐	☐
• Gelingt Ihnen nicht immer alles, was Sie sich vornehmen, obwohl Sie sich anstrengen?	☐	☐

Jeder nach seinem Willen? Das funktioniert selten. Besser ist es, sich aufeinander einzulassen und den Weg gemeinsam zu gehen.

Druck erzeugt Gegendruck

Unser ständiges Getriebensein überträgt sich natürlich auch auf unsere Fellnasen. Mit der Formel: hektischer Mensch = hektischer Hund machen wir es uns jedoch zu einfach, wie die Strandepisode von Gizmo und mir deutlich gezeigt hat. Hunde sind Anpassungsweltmeister. Treu und loyal, wie sie sind, gleichen sie sich dem Rhythmus ihres Menschen an. Allerdings: An einem Tag viele Stunden langweilig zu Hause herumhängen, dann wieder schnell mit zum Joggen oder Fahrradfahren, während eines Termins möglichst unauffällig unter dem Tisch liegen, vor dem Baumarkt im Auto warten, dann wieder im Stechschritt durch die City verlangt selbst ihnen jede Menge ab. Hunde von getriebenen Menschen können mit deren Tempo nur sehr schwer mithalten und sind dementsprechend oft gestresst. Auch der Perfektionismus ihres menschlichen Partners geht an ihnen nicht spurlos vorbei. Ständig wird getadelt, korrigiert. »NEIN!« gehört zum Standardrepertoire und geht in ein Ohr rein und beim anderen wieder raus, so oft müssen sie es sich anhören.

Die Kommunikation zwischen Mensch und Hund ist bei diesen Gespannen nur noch einseitig. Heißt: Der Hund zeigt seinem Menschen deutlich an, was er möchte und braucht. Herrchen ist aber aufgrund seines inneren Stresslevels nicht in der Lage, die Signale richtig zu lesen. Im schlechtesten Fall bestimmen zwei Extreme das Zusammenleben mit einem hektischen Menschen. Entweder wird erwartet, dass der Hund einfach so nebenbei mitläuft. Oder aber unser Anspruch ist so groß, dass wir versuchen, den Vierbeiner schon von der Welpenzeit an zu »optimieren«. Durch reichlich Training und Erziehung soll die Fellnase unserer idealisierten Vorstellung möglichst nahe kommen. Bis zu einem gewissen Punkt ist diese motivierende Haltung absolut verständlich und auch erstrebenswert. Wer das Beste für sich in Anspruch nimmt, der will das auch für seinen Hund. Allerdings ist dieser Weg mitunter nicht ganz ungefährlich. Wie bei Eltern, die schon früh die Karrieren ihrer Kinder planen und ihren eigenen Erfolg auf den Nachwuchs projizieren, wirkt sich dieser Druck in vielen Fällen kontraproduktiv aus (ich habe immer das Bild eines gepushten Tennistalentes vor mir, das eigentlich viel lieber Klavier spielen würde). Wer in Richtung Hektiker, Getriebener oder Verdränger tendiert, der ist viel ungeduldiger, wenn der eigene Anspruch oder die eigenen Erwartungen die Fähigkeiten und das Talent des Hundes übersteigen. Dadurch baut sich zwangsläufig auf beiden Seiten Frust und Resignation auf.

Hier wird übrigens wieder im doppelten Sinne gespiegelt: So wie der hektische und getriebene Mensch nie zufrieden ist, nie Ruhe findet oder nie wirklich achtsam und bei sich ist, so wenig ist er mental bei seinem Hund. Zugleich wächst der Zwang zum Perfektionismus beim Hund aus dem Unvermögen des getriebenen Perfektionisten selbst, den Ansprüchen gerecht zu werden. Der Hund wird zum Stellvertreter der eigenen Wunschvorstellung. Das klingt leider alles nicht gerade nach einer stabilen Beziehung, die auf Vertrauen, Liebe, Schutz und Sicherheit basiert. Haben Sie noch die fünf Phasen des Verliebtseins im Kopf, die ich Ihnen auf Seite 26 ff. vorgestellt habe? Menschen dieses Typs stecken mit ihrem Hund (oder Partner) viel zu oft in Phase drei fest. Weil die Kommunikation zwischen beiden einer Einbahnstraße gleicht, zeigt der Hund schnell immer heftigeres Verhalten. Unsicherheiten und Probleme manifestieren sich. Der Mensch dagegen fühlt sich von seinem Vierbeiner überhaupt nicht verstanden und möchte das Verhalten oder den Hund so schnell wie möglich loswerden.

Das ist der Moment, an dem ich ins Spiel komme – als Trainer oder Verhaltensberater. Hektiker erscheinen zum Treffen in der Hundeschule fast immer zu spät. Die Zeit war leider mal wieder viel zu knapp, um vorher noch mal eine Runde zu drehen, damit der Hund sein »Geschäft« machen kann. »So, jetzt atmen Sie erst mal durch und versuchen anzukommen«, höre ich mich ganz oft in so einer Situation beruhigend sagen. Dabei spricht der Blick des Hundes Bände: »Ha, wenn du wüsstest. Das ist ja gerade sein größtes Problem.«

GELASSEN(HEIT) TRAINIEREN

Egal, um welche Probleme im Zusammenleben es sich handelt: Die Auswirkungen eines »Getriebenen« auf das Verhalten seiner Fellnasen zeigt sich beim Lernen und Training. Hier sind die Spiegelungen besonders deutlich. Hunde in der Obhut eines Hektikers haben häufig Probleme, sich zu konzentrieren, und lassen sich oft schnell ablenken. Die Schwierigkeit, sich zu konzentrieren, resultiert häufig aus der Tatsache, dass Hunde von hektischen Menschen viel häufiger gegensteuern müssen. Sie haben keine Wahl, als sich ständig blitzschnell neuen Situationen und Umständen anzupassen.

Was der Mensch als Selbstverständlichkeit hinnimmt, kann für einen Hund extrem anstrengend werden. In der Hundeschule oder beim Training lernen sie deshalb durchschnittlich langsamer als ihre Artgenossen. Kein Wunder: Der Mensch, der durchs Leben hetzt wie der Windhund hinter dem Hasen, sieht seine Umwelt, das, was ihn umgibt, mit der Zeit nur noch verzerrt. Details werden kaum noch wahrgenommen, sind auch nicht wichtig. Was auf dem Egotrip zum Planeten »Erfolg« zählt? Nur dieser, das Ziel. Sonst nichts. Alles andere verschwimmt zu einer grauen Masse. Im Kopf hämmert es, die Ungeduld ans Ziel zu kommen, steigt ins Unermessliche. Wie oft schon hat man die Chance verpasst, wie groß ist die Angst zu versagen.

HUNDE VON HEKTIKERN HABEN OFT EINE GERINGERE KONZENTRATIONSSPANNE. UNGEDULD BRINGT DA GAR NICHTS. BESSER EINEN GANG RUNTERSCHALTEN.

Ich selbst schließe in solchen Situationen immer die Augen und stelle mir einen tiefen, dunkelgrünen, nach Harz und ätherischen Ölen duftenden Wald in Skandinavien vor. Die ewig hohen Baumkronen schlucken jedes Geräusch und die kühle Stille wird nur ganz selten durch das Hämmern eines Buntspechtes oder den Ruf des Uhus unterbrochen. Ich lasse meine Augen geschlossen, atme tief ein und wieder aus und verweile eine Zeit in meiner selbst geschaffenen Welt. Okay, ich gebe zu, dass diese Art des meditativen Sich-weg-Denkens immer wieder geübt werden muss und mir das auch nicht jederzeit gelingt (siehe meine Geschichte mit Gizmo). An manchen Tagen bin ich so hibbelig, dass ich schon Probleme habe, bei meiner täglichen Morgenmeditation abzuschalten. Anstatt ein- und auszuatmen und mal für 15 Minuten einfach an nichts zu denken, hake ich dann meine To-do-Liste des Tages ab oder praktiziere mentales Onlineshopping.

Richtig abzuschalten und mir eine Auszeit von den vielen Gedanken zu nehmen schaffe ich ehrlich gesagt am schnellsten, wenn ich Zeit mit Hunden verbringe. Mit einem Hund an seiner Seite muss der Hektiker sich nicht einmal

Spaziergänge am Strand wären ohne meine Fellnasen nur halb so schön. Denn sie bringen mich noch schneller runter als die unendliche Weite.

in eine Traumwelt denken. Die entspannte, konzentrierte Beschäftigung mit dem tierischen Partner ermöglicht es, den Druck rauszunehmen und runter vom Gas zu steigen. Genauigkeit und ruhig ausgeführte Abläufe beim gemeinsamen Üben ermöglichen es einem Hund überhaupt erst zu lernen. Wie bei Kindern schafft eine ruhige, angenehme Atmosphäre ohne viele äußere Reize ein optimales Lernumfeld. Und ganz nebenbei entschleunigt der Hektiker dabei auf wunderbare Weise auch noch.

Ruhige nonverbale Kommunikation fördern

Wer von der Suche nach Erfolg, Perfektion und Leistung (an)getrieben wird, hat oft verlernt, genau hinzuhören. Eine andere Meinung auszuhalten fällt immer schwerer, zu viele Gedanken »blockieren« das Gehirn. Sie wollen befreit werden und zu Wort kommen. Getriebene Menschen reden viel. Viel über sich selbst und über ihre Ideen. Auf die rein höfliche Frage: »Was gibt's Neues?« halten sie einen gefühlt 60-minütigen Vortrag. Dabei fuchteln sie wild gestikulierend vor einem herum und vermeiden oft direkten Blickkontakt. Ihre Augen schweifen immer wieder umher, halten Ausschau nach etwas Unbekanntem. Dinge, die sie selbst erzählt bekommen, haben sie dagegen nach ein paar Minuten schon wieder vergessen. War höchstwahrscheinlich nicht wichtig genug, um es sich zu merken.

So wie das menschliche Gegenüber eines Hektikers muss auch ihr Hund in den meisten Fällen raten, worum es gerade eigentlich geht. Aus dem wirren Wortsalat und den hastigen Gesten die eine wichtige Information herauszufiltern erfordert von einem Caniden sehr viel Fingerspitzengefühl. »Was will er denn jetzt eigentlich? Geht das nicht auch ruhiger oder ohne Worte?«

Ja, das geht – und es funktioniert auch ganz ausgezeichnet. Hunde von hektischen Menschen freuen sich unheimlich über ruhige, wortarm vorgetragene Wunschäußerungen ihres Frauchens oder Herrchens. Mit im Stakkato »herausgebellten« Kommandos erreichen diese bei ihrem Hund erfahrungsgemäß wenig. Kurze Sätze, am besten nur ein oder zwei Worte, ruhig und bestimmt vorgetragen, bewirken dagegen Wunder. Denken, fühlen, sprechen: Trainieren ist immer auch ein bisschen wie meditieren. Wenn Sie beispielsweise Grundkommandos wie »Platz!« oder »Bleib!« üben, nutzen Sie zuerst Ihre Vorstellungskraft. Stellen Sie sich bildlich vor: »Was will ich jetzt von meinem Hund? Was soll er im Idealfall tun?« Holen Sie dann die Emotion dazu: »Fühle ich das gerade auch selbst, will ich das ernsthaft?« Und wenn Ihre Vorstellung und das positive Gefühl dazu zusammenpassen, sprechen Sie es aus. Erst dann sind Sie ruhig, authentisch und für Ihren Hund greifbar.

EINEN PLAN HABEN – SCHRITT FÜR SCHRITT

Hektische oder getriebene Zeitgenossen können einerseits perfektionistisch, andererseits aber auch sehr chaotisch sein. Das eine schließt das andere nicht aus. Bei Entscheidungen verlassen sie sich meist auf ihr Bauchgefühl oder auf die Meinung von Menschen, die ihnen wichtig erscheinen. Aber nur selten folgen sie einem genauen Plan. »Das kriegen wir schon irgendwie hin«, lautet ihre Maxime.

Ich persönlich liebe ja das kleine Wort »irgendwie«, weil es so beiläufig daherkommt und trotzdem so viel Aussagekraft hat. »Irgendwie« heißt nämlich eigentlich: »Keine Ahnung, wie ich das schaffen soll. Ich habe einfach mal zugesagt, ohne auch nur den geringsten Plan zu haben. Am Ende, wenn es hart auf hart kommt, klappt es halt nicht – aber ist doch nicht mein Problem.«

Nur um das klarzustellen: Ich benutze diese Phrase sehr häufig. Weil sie meiner Mentalität entspricht, das Glas halb voll zu sehen anstatt halb leer. Es ist für mich eine Motivation und eine Art Versprechen, das meinem Gegenüber vor allem ein gutes Gefühl geben soll und ein Vorhaben oder Projekt mit einer positiven Grundstimmung versieht. Wenn es jedoch darum geht, mit seinem Hund an einem Problemverhalten zu arbeiten oder gemeinsam etwas zu trainieren, ist in erster Linie ein Plan gefragt. Und umso ausgefeilter dieser Plan ist, desto besser. Das hat etwas mit dem Lernverhalten von Hunden zu tun, denn unsere Vierbeiner unterscheiden sich diesbezüglich maßgeblich von uns Zweibeinern. Hunde lernen eigentlich immer. Sie beobachten uns den ganzen Tag. Sie sind sehr analytisch und während wir arbeiten, telefonieren oder den Haushalt erledigen, lernen sie ständig neue Geräusche, Menschen oder Dinge kennen. Sie testen uns aus, um herauszufinden, wer agiert oder nur reagiert, wer also in der Familie wen steuert, um dann die ihnen gegebenen Anweisungen nach ihrer Wichtigkeit zu beurteilen. Wie schnell sie etwas lernen, hängt stark davon ab, an welchen Orten es geübt und wie oft es wiederholt wird. Ein Verhalten nur an einem Ort einzuüben bedeutet nicht, dass es überall abrufbar ist. Es muss in unterschiedlichen Umgebungen und unter Ablenkung verfestigt werden. Dazu braucht es durchschnittlich 5000 Wiederholungen. Dann sitzt es.

Das richtige Timing

Einer der wichtigsten Faktoren, bei dem sich menschliches und hündisches Lernen unterscheidet, ist das Timing. Hundeexperten nennen das Verknüpfungszeit. Unsere Fellnasen lernen im Vergleich zu uns hauptsächlich assoziativ. Sie registrieren sehr genau, welche Reaktion auf ihr Handeln folgt. Allerdings ist die Zeitspanne, die ihnen dafür zur Verfügung steht, relativ kurz. In vielen

Büchern und im Internet heißt es, die Zeitspanne betrüge gerade einmal eine halbe bis eine Sekunde. Wissenschaftlich belegt sind nach neuesten Forschungen aber immerhin bis zu fünf Sekunden. In diesem kurzen Zeitfenster haben auch Lob oder Strafe zu erfolgen. Das ist ganz schön tricky und erfordert vom Hundebesitzer höchste Aufmerksamkeit und Konzentration. Sonst schleicht sich schnell der ein oder andere Fehler ein und der Hund hat Schwierigkeiten zu lernen – oder er lernt das Falsche.

Ein gutes Beispiel ist hier das Rückruftraining. Die folgende Situation habe ich schon oft gesehen: Beim Üben ruft Herrchen seinen Hund mit einem Signal- oder Rückrufwort. Zum Beispiel einem lang gezogenen »Hieeeeer!«. Tatsächlich stürmt Wuffel wie der Blitz heran und steht hechelnd und erwartungsvoll vor ihm. Herrchen sagt »Sitz!«, Wuffel setzt sich brav ab, dann holt Papa das Leckerchen raus und belohnt. Aber für was belohnt er eigentlich? Fürs Zurückkommen? Nein, aus Sicht seines Hundes erfolgt die Belohnung fürs Hinsetzen. Timing! Zu wissen, was man tut, und vor allem wann, die einzelnen technischen Schritte des Trainings zu kennen und exakt zu befolgen ist also durchaus von großer Bedeutung.

Mehr Geduld: Dem Hund Zeit zum Nachdenken und Verarbeiten geben

Time is money – und Geduld ist nicht unbedingt eine Tugend der Hektischen. Wer getrieben ist, befindet sich oft schon am Anfang der Abwärtsspirale. Konzentrationsverlust, Gedächtnislücken und eine schwache Resilienz sind die Folgen. »Schnell, schnell, schnell!« als innerer Antreiber kann schon mal helfen. Wer diese drei Wörter allerdings als persönliches Mantra benutzt, bleibt weit unter seinen wahren Fähigkeiten. Ohne Geduld geht nämlich auch im Zusammenleben mit dem Hund fast nichts. Und für der Hektik verfallene Menschen gilt fürs Training mit ihrem Hund: Wenn man am Grashalm zieht, wächst er auch nicht schneller. Hunde spiegeln ihren ständig getriebenen Menschen lupenrein deren Ungeduld zurück. Sie sind nervös, unruhig, können sich nur sehr kurz konzentrieren und suchen sich im besten Falle eine anderweitige Beschäftigung. Ich habe schon oft erlebt, wie die ein oder andere genervte Fellschnauze einfach ausgebüchst ist, während Frauchen respektive Herrchen zum fünften Mal nacheinander laut »Rico, Plaaaaatz!« plärrte.

Auf einmal sollen hektische Menschen ihr Konzept total umstellen? Unbedingt! Denn dadurch lernen sie mit ihrem Hund über das gemeinsame Training, wie sie mit einem Plan und Struktur erfolgreich ans Ziel kommen können. Eine Riesenchance, die ohne Hund vielleicht so nie stattgefunden hätte.

Was willst du? Wenn wir nicht klar kommunizieren, verstehen Hunde manchmal einfach nicht, was wir von ihnen wollen.

Sind wir doch mal ehrlich: Geduld hat etwas mit Respekt und Verständnis zu tun. Es ist nicht einfach für einen Hund, Kommandos zu erlernen oder unseren Aufforderungen nachzukommen. Dabei ist es von großer Bedeutung, ihm Zeit zu geben, unsere Anweisung zu verarbeiten. Ich habe früher bei Gizmo selbst oft den Fehler gemacht zu denken, ich muss nur einmal rufen und er folgt sofort. Hunde sind keine Roboter. Auch bei ihnen entscheidet die Tagesform. Manchmal sind sie eben müde, abgelenkt oder einfach erschöpft. Dann dauert es mit der Umsetzung auch mal ein paar Sekunden länger. Wer vor lauter Ungeduld wieder und immer wieder Anweisungen wiederholt, vielleicht im Tonfall noch schriller wird oder wütend klingt, macht es nur noch schlimmer. Ruhig und gelassen eine Antwort oder wie beim Hund eine Reaktion abzuwarten bedeutet zu lernen, achtsam für die Bedürfnisse des Gegenübers zu sein. Geduldig warten und aushalten, wie die Zeit verstreicht, können hektische Hundebesitzer über das Verhalten ihres Tieres perfekt lernen. Denn Zeit ist nicht Geld, sondern in erster Linie ein Geschenk.

BESCHÄFTIGUNGSARTEN, DIE SICH BESONDERS FÜR HEKTISCHE MENSCHEN UND IHRE VIERBEINER EIGNEN

Wenn die Menschen, die ich berate, bereit sind, sich zu öffnen, und beginnen, den Blick von ihrem angeblichen »Problemhund« auf sich selbst zu richten, verändert sich auch ihre bisherige Haltung zum Thema Hund. Sie machen sich plötzlich Gedanken darüber, was nicht nur allein ihren Hund, sondern sie beide zusammen glücklich machen würde. Oft haben sie einfach nur irgendwas mit dem Hund gemacht. Agility zum Beispiel, weil das angeblich der Shepard von einer Mutter aus der Kinderkrippe so gern mag. Oder Flyball, zweimal die Woche, weil der Benno Hinterm-Ball-Herjagen einfach liebt. In Wirklichkeit ist Benno nach einer Stunde Flyball so aufgeladen und außer Kontrolle, dass er ständig bei den anderen Hunden Druck ablassen muss. (Eine Frechheit, dass er beim anschließenden Restaurantbesuch nicht still unterm Tisch liegen bleiben wollte. Komisch?!)

Fellnasen von Hektikern müssen leider deren High-Energy-Lifestyle mitleben. Gesundheitlich ist das auch für den Hund äußerst stressig. Stress bedeutet viel Adrenalin und viel Adrenalin einen ständig erhöhten Cortisolspiegel. Das Antistresshormon schädigt auf Dauer die Organe und das kann zu ernsthaften Erkrankungen führen. Auch psychosomatisch zeigen Hektikerhunde auffällig oft Krankheiten. Wundlecken, Erdefressen, Dermatosen und schlimme Hautausschläge, die wegen ihres geschwächten Immunsystems plötzlich auftreten und bis hin zu Fellverlust führen können.

Hektische und nervöse Menschen brauchen Ruhe. Hektische und nervöse Hunde brauchen ruhige Arten von Beschäftigung. Natürlich ist die körperliche Auslastung rassebedingt unentbehrlich. Wichtiger aber ist, die richtige Balance zu finden. Hunde lieben es, ihren Geist, die Sinne und dabei besonders ihre Nase einzusetzen. Mantrailing, Schnüffelkurse, geführte Spaziergänge oder das ruhige Einüben von Tricks sind ideal. Hektiker können über diese Art von Beschäftigung mit ihrem Hund zusammen völlig neue Erfahrungen machen: Alles um sich herum vergessen, es ausblenden, um mit dem Hund eine tiefe Verbindung einzugehen, die beide für lange Zeit glücklich macht.

Auch die kleinen Erfolge feiern

Unsere Hunde zeigen uns nicht nur auf wundervolle Weise, was sie brauchen, sondern auch, was wir Menschen nötig haben. Machen wir noch mal einen Abstecher zur Mensch-Kind-Beziehung. Wenn erfolgsorientierte Eltern ihre Kinder von klein auf zu Höchstleistungen antreiben, ist das sicher besser als

Eltern, die sich wenig um die Entwicklung ihrer Kinder kümmern. Weil Erfolg, gute Noten, die richtige Fremdsprache oder eine prominente Schule für das spätere Erwachsenenleben der Kinder eine immer größere Rolle spielen, verlieren viele »Helikoptereltern« jedoch leicht das Maß. Denn sie haben nur noch das Ziel vor Augen. Die kleinen Erfolge zählen da eigentlich kaum mehr. Sie sind auf der Straße zum Erfolg nur notwendige Randnotizen. Vielleicht erreichen diese Kinder tatsächlich das Ziel ihrer erfolgsorientierten Eltern. Aber wie oft werden sie später einmal ihre Eltern besuchen und wie intensiv sich später im Alter um sie kümmern? Wie eng wird die Bindung zu Vater oder Mutter als Erwachsene sein?

Hektische, getriebene Erfolgsmenschen haben auch an ihre Hunde in vielen Fällen überzogene Erwartungen. Die kleinen Erfolge zu feiern sollte daher ab sofort ein wichtiger Teil des Trainings mit ihrem Hund sein und eine gute Einstellung, die sie in ihr Mindset aufnehmen können. Sie können auf diese Weise lernen, auch einzelne Schritte zum Ziel zu schätzen und nicht immer nur das große Ganze im Fokus zu haben. Aus den Zwängen herauszukommen, den Druck rauszunehmen und Achtsamkeit und Wertschätzung aufzubringen für den Moment – im Hier und Jetzt.

DAS KÖNNEN HEKTIKER AUS DER SPIEGELUNG LERNEN UND FÜR SICH SELBST MITNEHMEN

- Finden Sie heraus, was Sie triggert und aus der Ruhe bringt. Notieren Sie sich regelmäßig diejenigen Dinge, die bei Ihnen Stress auslösen, und denken Sie nach, wie Sie aktiv dagegensteuern können.
- Rituale helfen, den Alltag zu strukturieren und zu mehr innerer Ruhe zu finden. Ein gutes Ritual könnte das Führen einer täglichen To-do-Liste sein, die Sie jeden Abend vor dem Einschlafen für den nächsten Tag erstellen.
- Schlafen Sie ausreichend.
- Powern Sie sich aus. Lassen Sie Energie und Dampf ab. Die Erschöpfung nach sportlicher Betätigung ist entspannend und bringt Sie wieder ins Gleichgewicht.
- Dehnen und stretchen entspannt. Vielleicht jeden Morgen direkt nach dem Aufstehen?
- Gehen Sie viel in die Natur. Genießen Sie bewusst mit Ihrem Hund einen schönen Sonnenuntergang oder eine Gassirunde, bevor der Tag erwacht.
- Verabschieden Sie sich von Dingen, die Sie nicht brauchen. Es gibt mittlerweile viele Secondhand- und Flohmarkt-Apps, die Ihnen dabei helfen, Platz für Neues zu schaffen.

ZEIG MIR DEINEN HUND UND ICH SAG DIR, WER DU BIST

LÄSST SICH WIRKLICH VOM HUND AUF UNSERE PERSÖNLICHKEIT SCHLIESSEN? ZUMINDEST BEI RASSEHUNDEN KÖNNTE DAS SEIN, SAGEN WISSENSCHAFTLER. EINE FASZINIERENDE VORSTELLUNG, ABER ALLZU ERNST NEHMEN DARF MAN DAS GANZE NATÜRLICH NICHT …

WIE DER HERR, SO DAS GSCHERR

Das alte Sprichwort »Wie der Herr, so 's Gscherr« beschreibt auf wunderbar einfache Weise das Phänomen der Spiegelung bei einem Hundebesitzer und seinem vierbeinigen Freund – und man hört es vor allem dann, wenn eine auffallende optische Ähnlichkeit vorhanden ist.

Irgendwie muss man einfach schmunzeln, wenn eine süße Omi die gleiche rosa Schleife im honigblond gesträhnten Haar trägt wie ihr Yorkshire Terrier. Oder wenn der o-beinige, glatzköpfige Türsteher eines Nachtklubs mit einer ebenso o-beinigen Bulldogge durch die Gegend marschiert. Ich habe von in- und ausländischen Autoren mehrere echt witzige Fotobücher zu diesem Thema gefunden, auch wenn bei vielen der Porträtierten der »Zwillingseffekt« vor allem durch Haarstyling und Make-up erreicht wurde. Bei einigen Mensch-Hund-Paaren ist die Ähnlichkeit allerdings auch von Natur aus wirklich extrem.

Die Frage, die ich mir beim Durchblättern der Bücher gestellt habe, lautet: Passiert das mit der optischen Angleichung bei uns Hundebesitzern genauso schleichend, wie es in zwischenmenschlichen Beziehungen der Fall zu sein scheint? An unsere Partner passen wir uns optisch mit der Zeit ja auch oft an, sei es in Bezug auf die Kleidung oder durch eine ähnliche Frisur.

Ob das in der klassischen Mensch-Hund-Beziehung auch so funktioniert, genau das wollten die Forscher Nicolas J. S. Christenfeld und Michael M. Roy bereits vor 20 Jahren wissen und legten daher Studienteilnehmern Fotografien von 45 Mensch-Hund-Paaren vor. Die Aufgabe der Probanden war es, jedem

Menschen einen von zwei Hunden zuzuordnen. Das verblüffende Ergebnis: Rassehunde konnten ihren Besitzern einwandfrei zugeordnet werden, bei Mischlingen dagegen war die Erfolgsquote bedeutend niedriger. Warum ist das so?

Wenn man sich für einen Rassehund entscheidet, weiß man sehr genau, wie der Hund im Erwachsenenalter einmal aussehen wird. Das Unterbewusstsein entscheidet dann mit: Passt der Hund optisch zu meiner Persönlichkeit oder nicht? Wohlgemerkt geht es in dieser Phase nur um das Aussehen des Hundes, das uns triggert. Bei Mischlingshunden, zum Beispiel Fellnasen aus dem Tierschutz, ist das Unterbewusstsein dagegen eher ratlos. Tierschutzhunde sind einfach kleine Wundertüten oder Überraschungspakete, bei denen wir nicht unbedingt vorhersehen können, wie sie sich phänotypisch, also vom optischen Erscheinungsbild her, entwickeln werden.

Eins wurde durch die Studie also definitiv geklärt: Die Ähnlichkeit zwischen Hund und Besitzer nimmt mit der Zeit des Zusammenlebens nicht zu.

WER SPIEGELT WEN?

Bei uns zu Hause hat jeder den Hund, den er »verdient«. Am Ende ergänzen wir uns alle vier optimal.

So viel zur Optik. Einer Studie zufolge ist es aber auch möglich, dass sich Hund und Herrchen auch noch auf andere Art ähneln: in ihrer Persönlichkeit. Wissenschaftler um den Sozialpsychologen William J. Chopik an der Michigan

State University erforschten eigentlich, wie sich menschliche Beziehungen im Laufe der Zeit verändern. Zufälligerweise hatten mehrere der Studienteilnehmer einen Hund. Die Wissenschaftler waren fasziniert von der engen Bindung, die diese Menschen zu ihren Fellnasen hatten, und beschlossen deshalb, ihre Studie auszuweiten und auch die Beziehungen von über 1500 Hundehaltern zu ihren Vierbeinern zu erforschen.

Die Ergebnisse waren verblüffend: Viele Hunde und ihre Besitzer teilen bestimmte Charaktereigenschaften. Freundliche und aufgeschlossene Menschen haben demnach eine 100 Prozent höhere Wahrscheinlichkeit, einen besonders neugierigen, aktiven und weniger aggressiven Hund zu haben als ein weniger aufgeschlossener und unfreundlicherer Zeitgenosse. Außerdem ergab die Studie, dass authentische, gewissenhafte Hundehalter ihre Haustiere als »besser lenkbar« einstuften, während unkalkulierbare und pessimistische Halter ihre Hunde eher als ängstlich beschrieben.

Warum besteht diese Ähnlichkeit zwischen Mensch und Hund? Chopik hat in seiner aktuellen Studie zwar keine Ursachenforschung betrieben, dennoch stellt er eine Hypothese auf: »Teils liegt das am Hund, den man sich aussucht, und teils daran, wie der Hund durch einen selbst geprägt wird«, vermutet der Wissenschaftler.

Wenn sich Menschen einen Hund aussuchen, tendieren sie Chopik zufolge zu einem Vierbeiner, der sich gut in den eigenen Tagesrhythmus fügt. »Will man einen ungestümen Hund, der viel Interaktion braucht, oder lieber einen entspannten Hund für einen gelassenen Lebensstil?«, bringt er als Beispiel an und ergänzt: »Wir wählen eher solche Hunde aus, die zu uns passen.« Ob durch bewusstes Training oder einfach durch die tagtägliche Interaktion formen wir dann ihr Verhalten – und wenn wir uns verändern, verändern sich unsere Hunde mit. »Wenn sich in unserem Leben etwas ändert, kommt das auch beim Hund an«, so Chopik. »Wenn jemand entspannt ist, ist auch der Hund entspannt.«

Ist es also so, dass unsere Art sich mit der Zeit einfach auf den Hund spiegelt? »Vielleicht gehen kontaktfreudige Menschen mit ihrem Hund öfter raus, sodass der Hund besser sozialisiert wird und mehr gewohnt ist«, sagt dazu die Verhaltensforscherin und Tierpsychologin Zazie Todd. »Womöglich formen Menschen die Persönlichkeit ihrer Hunde, und das ist für mich die spannendste Möglichkeit.« Oder suchen sich aufgeschlossene, kontaktfreudige Menschen einfach mit höherer Wahrscheinlichkeit einen Hund aus, der nicht ängstlich wirkt? Vermutlich ist beides richtig. So ist das eben mit der Spiegelung.

EXPERTEN
WISSEN

IRIS SCHÖBERL
VERHALTENSBIOLOGIN UND HUNDEVERHALTENSBERATERIN

DU GEHÖRST ZU MIR

JOCHEN BENDEL: Zeige mir deinen Hund und ich sage dir, wer du bist: wahr oder falsch?
IRIS SCHÖBERL: Definitiv wahr. Wobei mir wichtig ist zu betonen, dass es keine Absolutismen gibt. Ich bin auch kein Fan davon, Hunde generell zu kategorisieren. Ich möchte immer vermeiden, Menschen und ihre Hunde abzustempeln, nach dem Motto: »Bloß, weil du diesen oder jenen Hund hast, bist du so und so.« Trotzdem ist an der Theorie etwas Wahres dran. Es gibt immer gewisse Parallelen, da wir uns natürlich einen Hund aussuchen, von dem wir denken, dass er zu uns passt. Dazu gehört aber vor allem, dass wir uns gegenseitig aneinander anpassen, auf zwischenmenschlicher Beziehung. Das ist wie in einer menschlichen Partnerschaft. Wenn ich einen neuen Partner kennenlerne, passe ich mich im besten Fall an ihn an und er sich an mich. Das Gleiche findet bei einem Hund statt. Man passt sich aneinander an und wird sich immer ähnlicher. Wenn ich beispielsweise einen recht schwerfälligen, gemütlichen und phlegmatischen Hund treffe, dem alles wurst zu sein scheint, würde ich eher nicht davon ausgehen, dass der Mensch an seiner Seite Ambitionen hat, einen Marathon zu laufen oder eine Weltreise zu machen. Ich gehe eher davon aus, dass er ebenfalls eher chillig unterwegs ist.

JB: ABER WARUM GIBT ES DANN TROTZDEM SO VIELE MENSCH-HUND-PAARE, BEI DENEN ES NICHT ZU STIMMEN SCHEINT?
IS: Weil es eben doch nicht immer so ist. Vielmehr nehmen sich viele Menschen einen Hund, ohne zu wissen, was sie sich da eigentlich ins Haus holen, und sind dann enttäuscht, dass sie ihn nicht zum Joggen mitnehmen können, weil er nach zwei Kilometern kollabiert. Oder sie merken, dass der Border Collie einfach kein fauler Couch-Potatoe ist, der glücklich ist, wenn er einmal am Tag ein bisschen spazieren gehen und ansonsten viel kuscheln darf. Weil

Gizmo und Khaleesi könnten nicht unterschiedlicher sein. Vermutlich hat es sie gerade deshalb zu Matthias und mir verschlagen.

die Bedürfnisse zu unterschiedlich sind, stimmt die Passung nicht und es kommt zu Problemen. Mensch und Hund ticken also nicht immer grundlegend gleich, manchmal aber eben auch doch.

JB: Manche Menschen gleichen ihrem Hund ja sogar optisch total – oder umgedreht.
IS: Das kommt auch aus dieser Motivation: Bin ich sportlich und schlank, suche ich mir einen sportlichen Hund. Und der ist demzufolge eben äußerlich auch meist schlank.

JB: Und was sagt das denn über den Menschen aus?
IS: Vielleicht nimmt er sich einen Hund, weil der so sportlich wirkt und er selbst das auch gerne wäre. Vielleicht aber auch, weil er 60 Stunden in der Woche arbeitet, sich insgeheim nach mehr Bewegung sehnt und eigentlich gerne viel mehr Zeit in der Natur verbringen würde. Aber unterm Strich ändert sich in den meisten Fällen auch mit Hund nichts am Status quo, denn letztendlich arbeitet man immer noch seine 60 Wochenstunden und der Hund kommt überhaupt nicht raus und wird todunglücklich. Und genau so entstehen dann Probleme. Viele davon ließen sich vermeiden, wenn man vorher »Seelenschau« betreibt oder zumindest in der Beziehung das Potenzial der Spiegelung erkennt und nutzt.

»EIGENTLICH FÄLLT ES MIR JA GAR NICHT SO SCHWER, MICH IN MEINE FELLNASEN HINEINZUVERSETZEN, …

… ABER DIESES FOTOSHOOTING WAR DANN DOCH EIN BISSCHEN ANSTRENGENDER, ALS ICH DACHTE.«

WAS IHR HUND ÜBER SIE VERRÄT

Unsere Hunde ähneln uns manchmal mehr, als wir denken – oder ist es umgekehrt? Spiegelung ist ein Phänomen, das in beide Richtungen funktioniert.

Nach den vielen Recherchen für dieses Buch, der Lektüre, den Gesprächen und Interviews, bin ich bei der Antwort auf die Frage, was ein Hund über seinen Menschen verrät, einen großen Schritt weitergekommen. Am Anfang ist es am häufigsten der Phänotyp, also die Optik, die uns triggert – egal, ob bei einer bestimmten Rasse oder einem Hund aus dem Tierschutz. Bereits hier spielen unterbewusste Prozesse in Kombination mit Erfahrungen, Gewohnheiten und Steuerungen von außen wie Trends oder Modeerscheinungen eine starke Rolle. Die Optik löst den Impuls aus und lenkt uns in die eine oder die andere Richtung. Der Charakter des Hundes oder die rassespezifischen Charaktereigenschaften haben wiederum etwas mit der Spiegelung zu tun, mit unseren Träumen, Wünschen und den Themen, die wir so mit uns herumschleppen. Ein Programm in unserem Unterbewusstsein wird hochgefahren und beeinflusst ab da unser Handeln …

Während ich diese Zeilen in den Computer tippe, schlafen meine beiden Fellnasen gerade tief und fest zu meinen Füßen. »Seht, ihr zwei, alles hat seinen Sinn und ihr beide seid nicht grundlos in meinem Leben«, schießt es mir durch den Kopf. In diesem Moment dreht sich Gizmo genüsslich in seinem kuschligen Megakissen, das wie eine riesige fleischfressende Pflanze aussieht, auf den Rücken. Durch die halb geschlossenen Lider wirft er mir einen Blick zu, der alles Mögliche bedeuten könnte. Vielleicht: »Weil du über mich gelernt hast, Verantwortung zu übernehmen« oder »Weil du wie ich so megagechillt bist«. Dass ich diesen Mops vor elf Jahren bei mir aufgenommen habe, anfangs gegen meine Überzeugung, sagt viel über mich aus.

»HUNDEQUARTETT«

Als meine langjährige Mentorin und enge Freundin Rita Kampmann mal wieder für ein paar entspannte Tage mit ihren Hunden zu Besuch in unserem kleinen gemütlichen Kapitänshaus in der Grimmershörnbucht war, machten wir uns wie so oft Gedanken zu unserem Lieblingsthema: die Spiegelung.

Durch Ritas Hundeschule und Ausbildungszentrum laufen jede Woche ca. 500 Mensch-Hund-Teams. Da kommt man statistisch im Monat schnell auf 2000 Begegnungen. Auf das Jahr hochgerechnet sind das fast 20 000. Da bleibt es nicht aus, dass sich die Problemstellungen wiederholen, genauso wie sich die verschiedenen Hunderassen und die Menschen ähneln, die am anderen Ende der Leine hängen.

Es war an einem Nachmittag im Spätsommer, ein leichtes Lüftchen vom Meer wehte eine salzige, nach Seetang und wildem Wermut duftende Brise über den Deich in den Garten. Rita und ich lagen unter einem fast 100 Jahre alten Apfelbaum aus dem Alten Land. Seine knorrigen Äste warfen lustige kleine Schatten auf den Boden. Ab und an kreischte über uns eine riesige Seemöwe und hockte sich demonstrativ auf den Giebel des Hauses. Wir hingen währenddessen der Idee nach, ob sich wirklich über die Rasse eines Hundes auf seinen Menschen schließen lässt. Wir nannten abwechselnd eine Rasse und der andere musste sie dann beschreiben. Eine Art Hundequartett, nur in Gedanken. Anschließend versuchten wir einzuordnen, was sich aufgrund des Hundes alles über den dazugehörigen Menschen sagen lässt, so nach dem Motto: »Zeig mir deinen Hund und ich sage dir, wer du bist.« Das Ganze machte nicht nur wahnsinnig viel Spaß, wir entdeckten tatsächlich teilweise verblüffende Parallelen – übrigens auch bei uns selbst. Deshalb habe ich mir für dieses Kapitel die Mühe gemacht, unsere Gedanken zu ordnen und zu einer Art Horoskop umzuformulieren. Nicht immer sind Rita und ich bei unserem Gedankenspiel übrigens zu einem eindeutigen Ergebnis gekommen. Daher finden Sie bei einigen Charakteristika ein »Entweder-oder«. Und wer einen Hund aus dem Tierschutz

UNSER GEDANKENSPIEL BRACHTE MICH AUF DIE IDEE, DAS THEMA SPIEGELUNG NOCH EINMAL GANZ ANDERS ANZUGEHEN: MIT VIEL HUMOR UND EINEM FÜNKCHEN WAHRHEIT.

hat, kann mehrere Beschreibungen mischen oder sich die Hunderasse aussuchen, die seinem Hund am nächsten kommt.

Denken Sie beim Lesen auch an das Gesetz der Spiegelung, das verschiedene Seiten in uns hervorrufen kann. In dem einen Fall hat man sich einen Hund angeschafft, weil er einem ähnlich ist, also vertraute Eigenschaften triggert. Im anderen Fall besitzt der Hund in unserer Vorstellung genau diejenige Eigenschaft, von der wir denken, dass wir sie benötigen, um ins Gleichgewicht zu kommen. Das bedeutet: Möglicherweise finden Sie die in »Ihrem« Horoskop beschriebenen Attribute genauso bei sich, vielleicht suchen Sie sie aber auch, um glücklich zu sein.

Sind Sie neugierig geworden, was Ihre Fellnase über Sie verrät oder was für ein Mensch Ihre Nachbarin mit dem Retriever zwei Häuser weiter wirklich ist oder der Typ mit dem Chihuahua im Erdgeschoss ...? Natürlich ist das alles nicht ganz ernst gemeint und deshalb übernehme ich auch keine Garantie. Es macht aber einen Riesenspaß und wer weiß: Ein Fünkchen Wahrheit lässt sich womöglich doch erkennen. Probieren Sie es doch einfach mal aus.

Rita und ich mussten wirklich oft lachen, aber am Ende waren wir doch erstaunt, wie gut alles passte.

AIREDALE TERRIER

Das macht den Hund aus ...

Der aus Mittelengland stammende große Terrier ist ein wasserliebender, jagdlich motivierter Hund, der schon in vielen Bereichen eingesetzt wurde. Ob als Sanitäts- und Meldehund zwischen den Fronten beider Weltkriege, als Jagd-, Schutz-, Rettungs- oder Blindenführhund oder »einfach« als Familienbegleiter: Der Airedale ist ein wachsamer Terrier, der für seinen Menschen durch dick und dünn geht. Rassetypisch ist sein raues, strubbelig drahtiges Deckhaar, das nicht haart, sondern geschoren werden muss. Der Airedale Terrier gilt als temperamentvoll und braucht sehr souveräne Menschen an seiner Seite, die ihn geistig und sportlich auslasten. Er ist aber eine treue Seele und mit aggressiver und übertriebener Strenge erreicht man bei ihm nur das Gegenteil. Seine Jagdleidenschaft lässt sich durch frühe konsequente Erziehung gut steuern.

... und das den Airedale-Menschen

Ganz gleich, wie Ihre Freunde und Bekannten Sie sehen, eher etwas unnahbar oder sehr weich und empathisch: Es fällt Ihnen manchmal einfach schwer, knallhart Nein zu sagen. Deshalb ist Ihnen Ihr ganz privater Rückzugsort heilig – eine Welt, die Sie ganz nach Ihren Vorlieben und Ihrem persönlichen Geschmack gestaltet haben. Eins Ihrer Ziele im Leben ist bestimmt, sich die Möglichkeit zu bewahren, Ihre Talente leben zu können. Und Talent haben Sie! Das zeigen Sie Ihren Mitmenschen jeden Tag ganz deutlich. Genauso haben Sie aber vermutlich auch einen gesunden Ehrgeiz entwickelt, um Ihre Ziele zu erreichen. Selbst wenn es nicht immer klappt, sind Sie ein »Stehaufmännchen«. Ganz nach dem Motto: hinfallen, Krone richten und weitermachen. Auch wenn es Ihnen vielleicht schwerfällt einen einmal eingeschlagenen Weg zu verlassen, denken Sie immer daran: Es führen viele Wege nach Rom und womöglich wartet an der übernächsten Weggabelung eine Überraschung auf Sie.

AKITA INU

Das macht den Hund aus ...

Der Akita Inu gehört als Spitz der Familie der urtypischen Hunderassen an. Das bedeutet nicht nur, dass sich sein Aussehen über die Jahrhunderte durch Zucht kaum verändert hat, sondern auch sein Verhalten noch sehr ursprünglich ist. Er wurde zur Jagd auf Antilopen und Bären eingesetzt, als Wachhund gehalten und war nachweislich Begleiter der Samurai. Man könnte ihn als typischen »Ein-Mann-Hund« bezeichnen, der sich sehr eng und liebevoll an seine eine Bezugsperson bindet. Optisch ist der Akita der große, weiche Kuschelbär. Doch das sollte nicht darüber hinwegtäuschen, dass er häufig stark jagdlich orientiertes Verhalten und einen enormen Beschützerinstinkt zeigt. Er ist sehr territorial und duldet häufig nur sehr schwer fremde Hunde neben sich. Der Akita gilt als ruhig, selbstbewusst und sehr eigenwillig. Seine Intelligenz und Sportlichkeit ermöglichen konzentrierte und ausdauernde Beschäftigungen wie Fährtensuche, Breitensport und vieles mehr.

... und das den Akita-Inu-Menschen

Entweder: Es bedeutet Ihnen viel, dass Sie Ihr Leben so leben können, wie Sie wollen – und dafür geben Sie jeden Tag mehr als 100 Prozent. Chapeau! Egal ob Job oder Familie: Es war Ihnen wahrscheinlich schon immer klar, dass Sie ein guter Anführer sind. Sie haben einfach den nötigen Sachverstand und bleiben in Situationen, in denen andere langsam anfangen, nervös zu werden, bemerkenswert ruhig. Ihr Selbstbewusstsein kann den Menschen in Ihrer Nähe zwar manchmal sehr viel Geduld abverlangen. Das ist Ihnen aber vermutlich egal. Denn Sie verfügen über eine Eigenschaft, für die Sie viele Menschen beneiden: Sie kommen überaus gut mit sich alleine zurecht.

Oder: Man kann mit Ihnen Pferde stehlen und Menschen fühlen sich in Ihrer Umgebung sehr wohl. Nähe bedeutet Ihnen viel. Sie sind neugierig und stecken immer voller Ideen. Trotzdem fragen Sie sich manchmal, wie es weitergehen soll in Ihrem Leben, egal ob in der Beziehung oder ganz allgemein: »Wo bleibe ich?!« Vielleicht ist es an der Zeit, dass Sie endlich beginnen. Ihren großen Traum zu verwirklichen.

BERNER SENNENHUND

Das macht den Hund aus …

Seit Anfang des 20. Jahrhunderts erfreut sich der Berner Sennenhund immer größerer Beliebtheit. Ursprünglich in den Voralpen und der Umgebung von Bern zu Hause, bewachte er Haus und Hof und trieb das Vieh der Bauern zusammen. Als kräftiger Hofhund hatte er nichts dagegen, vor einen kleinen Karren gespannt zu werden, um die Milchkannen aus dem Stall zu ziehen. Sein Charakter ist für einen Bauernhund ganz typisch: wachsam, aber nicht aggressiv, arbeitswillig, aber nicht nervend und selbstständig handelnd, aber nur wo es nötig ist. Der Berner Senn ist ein schwerer Hund, nicht besonders sportlich und versteht sich gut mit anderen. Auch heute, 100 Jahre später, werden seine Charaktereigenschaften von Menschen mit Familie sehr geschätzt – ob mit oder ohne großen Hof.

… und das den Berner-Sennenhund-Menschen

Angeberei und Protzerei sind nicht Ihr Ding. Sie setzen eher auf bleibende Werte, übrigens auch was Tradition und Rituale angeht. Besonders in Ihrer Familie oder Ihrer Beziehung. Fest- und Feiertage nehmen Sie ernst. Womöglich nach dem Motto: »Je größer die Runde, umso besser. Bekannte und Freunde schätzen an Ihnen, dass Sie gut zuhören können. Sie sind beliebt, gerade weil Sie nicht jedem gefallen müssen. Worüber Sie schmunzeln? Über Ihre Mitmenschen, die jedem Trend hinterherrennen, und über Leute, die ständig aus einer Mücke einen Elefanten machen. Wenn Sie sich etwas Besonderes gönnen, dann ist es doch viel besser, wenn das gute Gefühl darüber länger anhält. Der neueste Designerschnickschnack darf trotzdem mal sein, aber ohne gleich zu übertreiben. Haben Sie sich schon einmal insgeheim gewünscht, mehr aus sich herauszugehen? Probieren Sie es aus!

BOLONKA ZWETNA

Das macht den Hund aus …

Dieser kleine kräftige Gesellschaftshund wurde zum ersten Mal in Russland gezüchtet. Sein Name bedeutet in etwa: »Bunter Schoßhund«. Sein seidiges, pflegeintensives Fell ist lang und gewellt oder gelockt und kommt in verschiedenen Farben vor. Bolonkas sind laut gängiger Rassebeschreibung aufgeweckt, freundlich und gelten als robust und anpassungsfähig. Das heißt, sie fühlen sich bei einer Familie mit Kindern oder Singles genauso wohl wie bei älteren Menschen in der Stadt – vorausgesetzt sie haben genügend Auslauf. Die kleinen wachsamen Hunde sind sehr gelehrig, lassen sich leicht erziehen und freuen sich über eine Wanderung genauso sehr wie über ausgiebiges Herumtollen im Stadtpark.

… und das den Bolonka-Menschen

Echte Freunde, ein sicheres Auskommen und viel Zeit für Hobbys und die Familie: Sind das die »Big 3« im Leben, die Ihnen wirklich etwas bedeuten? Ständig hochgesteckten Zielen hinterherzujagen: Das sind Sie nicht. Sie leben im Hier und Jetzt und sind sich vermutlich auch nicht zu schade, mal richtig mit anzupacken. Kein Wunder, dass Stress mit anderen Ihnen überhaupt nicht liegt. Ihr Motto lautet: Leben und leben lassen. Und genau das macht Sie aus. Sie haben sicher schon das ein oder andere Mal gedacht: »Was bringt es schon, wegen Kleinigkeiten einen Streit vom Zaun zu brechen?« Menschen wie Sie, denen Stabilität und Ruhe im Leben wichtig sind, stellen ihre eigenen Bedürfnisse oft hintenan. Dabei ist es völlig in Ordnung und wichtig, auch mal nur an sich zu denken.

BOSTON TERRIER

Das macht den Hund aus …

Als eine der wenigen amerikanischen Hunderassen wurden Boston Terrier, eine Kreuzung aus englischen Bulldoggen und den heute ausgestorbenen weißen Englischen (Bull)Terriern, Ende des 19. Jahrhunderts für den Hundekampf und die Jagd auf Ratten in den Bekleidungsfabriken von Massachusetts, USA, gezüchtet. Heute hat der anpassungsfähige und außerordentlich menschenfreundliche »American Gentleman« seinen »Kampfhundcharakter« durch ständige Weiterzucht völlig verloren.

Der Boston Terrier gilt als fröhlich und für jeden Quatsch zu haben und aufgrund seiner Intelligenz und Aufgeschlossenheit als Hund für viele Fälle. Er ist überaus sportlich und aufgeweckt. Das kleine Kraftpaket strotzt nur so vor Tatendrang. Bei der Erziehung ist er ein Musterschüler, der bereits auf die kleinsten Zeichen seines Besitzers reagieren kann. Eine vielseitige Rasse und mit aufgeschlossener Persönlichkeit – und ein beliebter Therapiehund.

… und das den Boston-Terrier-Menschen

Einfach so in der Masse mitschwimmen war noch nie Ihr Ding. Sie sind etwas Besonderes. Und das haben Ihnen auch schon andere Menschen in Ihrer Umgebung bestätigt. Trotzdem hat Sie diese Tatsache vielleicht schon öfter in eine Zwickmühle gebracht: Denn besonders auffallen, das wollen Sie lieber nicht. Was Freunde und Familie an Ihnen so schätzen, ist Ihre Vielschichtigkeit. Manchmal sind Sie sehr verspielt, dann wieder sehr vernünftig. Möglich, dass Sie sich gerne bewegen und zum Beispiel regelmäßig Ihren Sport brauchen, um glücklich zu sein. Ist es schon vorgekommen, dass Sie Aufgaben, die Sie sich vorgenommen haben, mit zu viel Eifer angegangen sind? Das kann Menschen wie Sie, die viel nachdenken, ganz schön aus der Bahn werfen. Gehen Sie's beim nächsten Mal einfach etwas ruhiger an.

BOXER

Das macht den Hund aus ...

Der Deutsche Boxer gehört zu den doggenartigen Mollosern und ist ein entfernter Nachfahre der mittelalterlichen Brabanter Bullenbeißer. Diese breitmauligen Hunde mit ihrem hervorstehenden Unterkiefer konnten sich gut in das gestellte Wild verbeißen und dabei trotzdem Luft holen. Als Feuerwaffen in der Jagd auf Wild zum Einsatz kamen, verloren die Hunde ihre Aufgaben. Deshalb nutzte man sie als Schutz- und Wachhunde. Erst im 18. Jahrhundert erlangte der Boxer durch Einkreuzen Englischer Bulldoggen sein heutiges Aussehen. Seit das Kupieren der Ohren und Rute verboten ist, entspricht das Aussehen des Boxers endlich wieder seinem freundlichen Naturell. In seiner Familie gilt er als freundlich, charmant und ausgeglichen. Fremden gegenüber kann er jedoch durchaus misstrauisch und wachsam reagieren.

Boxer erfreuen sich aufgrund ihres freundlichen Wesens, ihrer interessanten Mimik und ihres Selbstbewusstseins großer Beliebtheit. Allerdings benötigen sie schon vom Welpenalter an eine konsequente, liebevolle Erziehung und klare Führung, da sie gerne versuchen, ihren Dickkopf mit viel Blödelei durchzusetzen. Mit Motivation, sinnvoller Beschäftigung und aktiver, sportlicher Betätigung ist der Boxer der ideale Begleit- und Familienhund. Übrigens absolvieren Boxer Ausbildungen zu Rettungs- oder Therapiehunden mit Begeisterung, da sie sowohl die Bewegung wie auch die kognitiven Herausforderungen mögen.

... und das den Boxer-Menschen

Auch mal gegen den Strom zu schwimmen ist für viele Menschen eine Herausforderung. Für Sie jedoch ist genau das überhaupt kein Problem. Freunde, Familie und Bekannte bewundern Sie oft für Ihre klare Haltung. Wenn Sie die Dinge, die Sie beschäftigen, beim Namen nennen, schaffen Sie es mit einem Augenzwinkern, auch unbequeme Nachrichten in ein positives Licht zu rücken. Sie können stolz auf das sein, was Sie erreicht haben. Besonders weil Sie Ihre Erfolge nicht zu sehr nach außen tragen. Struktur hat Ihnen im Leben vermutlich schon oft weitergeholfen, Sie fürchten sich aber auch nicht davor, wenn es mal chaotisch wird. Die Menschen, die in den Genuss kommen, mit Ihnen Zeit verbringen zu können, schätzen Sie für Ihren Humor. Es gibt immer viel zu lachen. Wenn Sie eher zu den zurückhaltenden Charakteren zählen: Lassen Sie doch einfach öfter mal den verrückten Boxer aus sich raus!

CAVALIER KING CHARLES SPANIEL

Das macht den Hund aus ...

Anna von Cleve brachte, anlässlich ihrer Vermählung mit Heinrich VIII., die freundlichen Hunde an den Hof der Tudors im mittelalterlichen London. Seitdem begleiteten sie Hofdamen, Königinnen und Könige, die sie unter den Gewändern mit sich trugen und sich von ihnen im Sitzen die Füße wärmen ließen. Burgen und Schlösser waren im Mittelalter nur spärlich beheizt und so wusste man die Fähigkeiten eines kleinen Schoßhundes sehr wohl zu schätzen. Die Neuzüchtung des alten Zwergspaniels, ohne Stupsnase und mit längeren Beinen, begann vor ca. 100 Jahren.

Der Cavalier King Charles ist heute ein kräftiger Kleinhund mit freundlichem und ruhigem Charakter. Er wird oft als anhänglich und anspruchslos beschrieben. Das stimmt aber nur bedingt, denn welches Lebewesen ist schon anspruchslos? Zweifellos verfügt der Cavalier über eine hohe Anpassungsbereitschaft, ist aber nur dann vollkommen glücklich, wenn er artgerecht beschäftigt und ausgelastet ist. Jedoch sind sein Bewegungsdrang und sportlicher Ehrgeiz nicht übermäßig ausgeprägt. Das kompensiert er gerne über Nasenarbeit im Freien, das Erlernen von Tricks und entspannte Spaziergänge. Durch eine enge Bindung zu seinem Menschen, der ihm stets ein Gefühl von Schutz und Sicherheit vermittelt, ist der »kleine Golden Retriever«, wie er oft genannt wird, nicht nur gut zu Hunden und anderen Tieren, sondern auch zu Kindern und älteren Menschen.

... und das den Cavalier-King-Charles-Menschen

Plumpe Anmache oder fantasielose Standardkomplimente machen Sie hellhörig. Denn Sie haben einen Blick fürs Detail und hören den feinen Unterschied ganz oft heraus. Deshalb umgeben Sie sich am liebsten nur mit Menschen, in deren Nähe Sie sich wohlfühlen. Bloß keine komplizierten Leute, die nur Energie saugen. Familie, Freunde oder Kollegen wissen Ihre Hilfsbereitschaft und Ihr herrlich unkompliziertes Wesen überaus zu schätzen. Übrigens genauso wie Ihre Liebe für Feines und Ihren guten Geschmack.

CHIHUAHUA

Das macht den Hund aus ...

Er ist sicher eine der bekanntesten Hunderassen der Welt. Genanalysen beweisen, dass seine Ahnenreihe bis auf die Tempelhunde der Azteken und Tolteken zurückgeht, die ihre »Heiligen Hunde« bei Begräbnissen opferten. Denn nur ein schlauer und gerissener Chihuahua konnte eine verstorbene Seele auf direktem Weg ins Paradies führen.

Chihuahuas gelten als mutig, intelligent und selbstbewusst. Diese Mischung birgt Brisanz für einen kleinen Hund, noch dazu den kleinsten, den es gibt. Deshalb ist es ratsam, möglichst früh die Leitplanken einer konsequenten Erziehung für den kleinen Charmeur aufzustellen. Konsequenz ist stets gefordert, da der Hund es andernfalls gewitzt ausnutzt. Seine Rute trägt der Mini-Mexikaner selbstbewusst über dem Rücken und wer einmal einen Chihuahua hatte oder hat, für den sind andere Hunde oftmals langweilig. Umso wichtiger ist es, immer wieder zu betonen, dass es für diesen kleinen Allrounder nichts Schlimmeres gibt, als ständig in einer Tasche herumgetragen zu werden. Die lebenslustigen Zwerge lieben Bewegung, Ausflüge in die Natur und unterschiedliche moderate Beschäftigungen. Dann ist der Tag mit einem Chihuahua ein großartiges Erlebnis.

... und das den Chihuahua-Menschen

»Lebe deine Träume und träume nicht dein Leben!« Dieser Spruch ist etwas für Realisten. Denn mal ehrlich: Wie wunderbar ist es, wenn man von etwas träumen kann. Träume schenken uns Kraft und Motivation, unseren Weg weiterzugehen. Vielleicht standen Sie schon als kleines Kind in der viel zu weiten Kleidung oder den riesengroßen Schuhen Ihrer Eltern vor einem Spiegel und haben sich in eine wunderbare andere Welt geträumt. Heute als erwachsener Mensch haben Sie sich diese besondere Fähigkeit bewahrt. Was ist Ihr großer Traum? Egal, was es ist, lassen Sie ihn sich von niemandem ausreden.

Unter den Top 3 der Dinge, auf die Sie am wenigsten verzichten können, finden sich sicher Ihre Freunde. Die sind Ihnen wichtig, weil sie Rückhalt geben. Dabei macht es Ihre positive Art anderen leicht, Sie zu mögen und zu akzeptieren. Sie sind sensibel genug, um zu spüren, ob es Ihr Gegenüber ehrlich mit Ihnen meint oder nicht. Design, Fashion, Style: All das sind Dinge, an denen Sie viel Spaß haben. Womöglich haben Sie dabei den Bogen das ein oder andere Mal schon überspannt. Aber sei's drum! Es gibt keinen Grund, verunsichert zu sein, denn Sie wissen einfach, wie man sich gut in Szene setzt.

DACKEL

Das macht den Hund aus ...

Lange Sinnbild für deutsche Spießigkeit, erleben Dackel gerade wieder eine Renaissance als Familien- und Begleithund. Dabei sind sie seit dem Mittelalter Vollblutjäger, noch dazu erstaunlich vielseitige. Egal, ob mit langem Fell oder Rauhaar: Dank ihrer kurzen Beine und lang gestreckten, muskulösen Körperform können sie mit Leichtigkeit in Dachs- oder Fuchsbauten vordringen. Dabei wagen sie sich tollkühn tief unter die Erde, wo sie ganz auf sich gestellt sind, selbstständig agieren und alleine wichtige Entscheidungen treffen müssen.

Dackel verfügen über eine ausgeprägte Persönlichkeit. Diese in die richtigen Bahnen zu lenken kann für unerfahrene Hundebesitzer zu einer Herausforderung werden. Hierfür braucht es viel Geduld und Fingerspitzengefühl. Denn Hunde mit Willen zum selbstständigen Handeln hinterfragen sehr gerne jede Anweisung und überprüfen sie erst mal auf ihre Sinnhaftigkeit. Konsequenz und klare Regeln sind deshalb unerlässlich. Zweimal täglich die gleichen Spaziergänge reichen einem Dachshund bei Weitem nicht aus. Regelmäßiges Apportieren, Nasenarbeit, Stöbern und Suchspiele in der Natur sorgen für eine artgerechte geistige und körperliche Auslastung. Wie heißt noch mal ein beliebter Spruch? »Wenn man das tut, was der Dackel will, dann sind alle glücklich.«

... und das den Dackel-Menschen

Entweder: Der Preis dafür, dass das Leben ständig in harmonischen Bahnen verläuft, ist, jedem Konflikt aus dem Weg zu gehen. Aber das ist nicht Ihr Thema. Genauso wenig legen Sie großen Wert auf stumpfen Gehorsam. Nur weil alle etwas machen, heißt das noch lange nicht, dass Sie auch dabei sind. Freunde und Kollegen halten große Stücke auf Sie, eben weil Sie sich durchzusetzen wissen. Sich weiterzuentwickeln, auch beruflich, ist Ihnen ein Anliegen. Aber nicht um jeden Preis. Sie haben schon so einige Herausforderungen bewältigt. Und vermutlich die ein oder andere Warnung in den Wind geschlagen. Respekt, Sie haben kein Problem, mit Ihrer Meinung einmal anzuecken, auch wenn Sie am Ende vielleicht ausnahmsweise doch mal klein beigeben.

Oder: Sie haben eine feste Vorstellung davon, wie Ihr Leben aussehen soll – und ungeordnete Verhältnisse gehören auf gar keinen Fall dazu. Vielleicht haben Sie sich trotzdem schon mal geärgert, nicht aus der Reihe getanzt zu sein. Trauen Sie sich! Je öfter man das tut, umso besser lernt man sich und andere kennen. Deshalb gibt es auch überhaupt keinen Grund, unangenehmen Situationen aus dem Weg zu gehen.

DOBERMANN

Das macht den Hund aus …

Ein gewisser Friedrich Dobermann im sächsischen Apolda übte Mitte des 19. Jahrhunderts durchaus gefährliche Tätigkeiten aus. Er war Geldeintreiber, Abdecker und Nachtpolizist sowie Hundefänger. Zum Schutz vor den unliebsamen Reaktionen seiner Klienten war er ursprünglich mit einer Mischlingshündin unterwegs, die er später mit einem Fleischerhund (dem Vorgänger des Rottweilers) verpaarte. Über die Jahre züchtete er durch Einkreuzungen verschiedener Rassen einen eleganten, mannscharfen und unbestechlichen Wächter, der sich weder von Stockschlägen noch Schüssen beeinflussen lassen sollte: den Dobermann. Um 1920 herum wurde er als »Gendarmenhund« offiziell anerkannt und fand seitdem als Diensthund, als Gebrauchshund bei Polizei und Zoll oder auch als Blindenbegleithund Verwendung.

Aufgrund seiner rassespezifischen Eigenschaften wird der Dobermann oft als sehr territorial und mit einem starken Durchsetzungsvermögen beschrieben. Viele Menschen halten besonders große Rüden für misstrauisch und genetisch mit einer gewissen Grundaggression ausgestattet. Das stimmt nicht generell, denn wie bei jedem Hund spielt die Herkunft und Sozialisierung eine viel größere Rolle für die Entwicklung seines Charakters. Da der Dobermann ein sehr sensibles Tier ist, reagiert er schnell auf das Verhalten seines Besitzers und spiegelt es. Deshalb ist eine erfahrene, ruhige und absolut souverän agierende Bezugsperson der ideale Partner für diesen faszinierenden Hund.

… und das den Dobermann-Menschen

Sie sind ein vielseitig interessierter Mensch und saugen alles auf. Eleganz und Sportlichkeit sind zwei Eigenschaften, die Sie höchstwahrscheinlich bewundern. Ist das eigentlich etwas, das Sie immer schon ganz selbstverständlich in sich tragen? Die Menschen in Ihrem Umfeld schätzen Ihr ruhiges Wesen und haben bestimmt schon bemerkt: Ihnen entgeht einfach nichts. Es ist Ihrer Aufmerksamkeit zu verdanken, dass Sie Dinge mitbekommen, die andere nie bemerken würden. Genau aus diesem Grund haben Sie schon diverse Erfolge feiern dürfen und verdienen Ihren Status zu Recht. Sie haben sicher festgestellt, dass gute Leistung auch belohnt wird, und sind gerne bereit, Ihre Erfahrungen an andere weiterzugeben. Wer so wie Sie fest im Sattel sitzt, für den gilt dafür in anderen Bereichen des Lebens manchmal die Devise: Raus aus der Komfortzone. Zeigen Sie außerdem gerne noch mehr Ihre temperamentvolle Seite.

FRANZÖSISCHE BULLDOGGE

Das macht den Hund aus ...

Nachdem 1802 Bullenhetze und Hundekämpfe in England verboten wurden, züchtete man statt der rauflustigen großen Bullenbeißer eine familienfreundliche Mini-Bulldogge als Begleithund. Fast 80 Jahre später siedelten die lebhaften Bullys mit englischen Auswanderern in den Norden Frankreichs über, wo sich ihr Aussehen durch Einkreuzungen von Terrier und Mops weiter veränderte. Der französische Familienzweig erblühte, doch erst Eduard VII. machte durch den Erwerb einer »Bouledogue Français« die ca. zehn Kilo schweren Bulldoggen mit den Fledermausohren und der kurzen Rute salonfähig.

Frenchies sind sensible, verschmuste und menschenbezogene Hunde. Aufgeweckt und intelligent gehen sie auf die Bedürfnisse ihres Zweibeiners ein. Sie sind wachsam, bellen aber nicht viel und freuen sich über die unterschiedlichsten Beschäftigungen. Wegen ihrer Körperproportionen, des Vorbisses und der platten Nase leiden sie leider, wie die meisten Kurzschnauzen (brachyzephalen Rassen), häufig unter genetischen Fehlbildungen und Erkrankungen der Wirbelsäule, der Atemorgane und des Herz-Kreislauf-Systems. Hitze, zu viel Bewegung und körperliche Anstrengung tun ihnen nicht besonders gut. Deshalb ist in den Niederlanden seit 2014 die Zucht von Hunden, deren Schnauze weniger als ein Drittel so lang ist wie der Kopf, verboten.

... und das den Frenchie-Menschen

Entweder: Für Sie gilt: »Eine Frau/ein Mann, ein Wort. Und was einmal versprochen, das wird auch nicht gebrochen.« Für diese Einstellung werden Sie von Familie, Freunden und Bekannten geliebt. Apropos die Menschen in Ihrer Umgebung: Ausdruckslos oder gähnend spießig ist nicht unbedingt Ihr Ding. Sie haben ein Händchen für Zeitgenossen mit Ecken und Kanten. Sie selbst sind genauso selbstbewusst und brauchen sich deshalb nicht dem gängigen Schönheitsideal zu unterwerfen. Ganz im Gegenteil, Sie mögen es durchaus ein bisschen exzentrisch, weshalb andere Sie schnell mal in eine Schublade stecken. Das kümmert Sie aber bestimmt nicht. Denn Sie fühlen sich in jeder Nische wohl.
Oder: Hand aufs Herz: Wann haben Sie das letzte Mal gedacht: »Ach, rutsch mir doch den Buckel runter«? Von Stress und Hektik lassen Sie sich nämlich überhaupt nicht aus der Ruhe bringen. So groß Ihr Wunsch nach Ruhe jedoch auch sein mag, denken Sie bitte daran: Alles im Leben hat zwei Seiten. Wer in Beständigkeit festhängt, droht unbeweglich zu werden. Wie gut, dass Ihr Frenchie Sie da aus der Reserve locken kann.

GOLDEN RETRIEVER

Das macht den Hund aus …

Ende des 19. Jahrhunderts in Schottland ursprünglich als Jagdhund gezüchtet, gehört der blonde langhaarige Retriever mit dem Bestreben zu gefallen (Will to Please) heute weltweit zu den beliebtesten Hunderassen. Er gilt als der Prototyp von Harmonie und Leichtigkeit, Einfachheit und Schönheit. In der Literatur finden sich die poetischsten Beschreibungen: »Sein Fell glänzt in der Sonne wie flüssiges Gold und seine warmen, dunklen Augen blicken freundlich aus dem hübschen Gesicht.«

Goldies sind begeisterte und treue Assistenzhunde für Menschen mit Behinderung, sie überzeugen als Rettungs- und Blindenführhunde genauso wie als Sprengstoff- oder Rauschgiftsuchhunde. Als Therapiehunde bringen sie Freude, Zuversicht und Herzenswärme in das Leben erkrankter Menschen. Vor allem aber sind es ihre Schönheit und ihr charmantes, wunderbares Wesen, die Golden Retriever so unglaublich beliebt machen. Doch wo Licht ist, ist auch Schatten, denn genau dadurch geriet die Rasse in den Fokus unseriöser und krimineller Hundehändler. Die wilde Vermehrung unter schrecklichen Bedingungen und ohne Rücksicht auf die Gesundheit hat zu erheblichen erblich bedingten Krankheiten bis hin zu Wesensveränderungen geführt. Wer sein Leben mit einem Retriever bereichern möchte, sollte deshalb beim Welpenkauf den Züchter sorgfältig überprüfen und sich nicht nur am Preis orientieren.

… und das den Retriever-Menschen

Entweder: Wenn Sie Ihre Augen schließen und sich an wunderbare Momente in Ihrer Vergangenheit erinnern, spielen Harmonie und Leichtigkeit oft eine besondere Rolle. Diese beiden Gefühlszustände sind Ihnen wichtig. Um zufrieden zu sein, müssen Sie nicht im Luxus schwelgen. Sie besitzen die wunderbare Eigenschaft, auch in einfachen Dingen Schönheit zu erkennen. Besonders wohl fühlen Sie sich, wenn Sie Zeit mit Ihrer Familie oder den besten Freunden verbringen können. Auch wenn es Ihnen in der Regel nicht schwerfällt, sich auf neue Situationen oder Lebensumstände einzustellen: Trauen Sie sich ruhig auch mal, etwas total Verrücktes zu machen.

Oder: Sie beschäftigt das Thema Familie schon länger intensiv? Ihr Wunsch nach Harmonie wird von einigen Ihrer Mitmenschen nicht erwidert? Könnte sein, dass das an Ihrer ehrlichen und offenen Art liegt, Dinge geradeheraus anzusprechen. Tja, manchmal fehlt uns dazu einfach die gewisse Leichtigkeit. Wie wunderbar, dass Ihr Golden Retriever Ihnen genau das täglich vorlebt.

HOVAWART

Das macht den Hund aus …

Die erste schriftliche Erwähnung als Hofwächter (»Hovewart«) finden die Vorfahren dieses eindrucksvollen Hundes, der seit 1964 offiziell zu den Gebrauchshunderassen gehört, bereits im Mittelalter. Gebrauchshunde erledigen mit ihren Talenten, ihrem feinen Geruchssinn, ihrem guten Gehör oder ihrer Ausdauer spezielle Aufgaben, die kein Mensch oder anderes Tier so gut bewältigen könnte. So wird der Hovawart oft als temperamentvoller, lernfreudiger und intelligenter Hausgenosse beschrieben, der zuverlässig wacht und schützt. In der Familie zeichnet sich der Hovawart besonders durch seine enge Bindung an die Familienmitglieder aus, die er als sein Team versteht. Daraus entsteht ein besonderes Schutzverhalten.

Damit der selbstsichere Hovawart diesen ausgeprägten Schutztrieb nur kontrolliert einsetzt, braucht er eine souveräne Führungspersönlichkeit, die ihm von klein auf vermittelt, wann dieses Verhalten gewünscht ist und wann nicht. Dieser Hund ist kein Couch-Potatoe, sondern braucht viel Bewegung, Auslauf und Beschäftigung. Er ist für viele Bereiche des Hundesports geeignet, darüber hinaus bringt er alle Voraussetzungen für die Vermisstensuche, das Mantrailing, mit. Am besten ist es, eine abwechslungsreiche Kombination aus verschiedenen Beschäftigungen zu finden. Egal, was man mit ihm macht: Der Hovawart ist ein fröhlicher Hund, der den Kontakt zu seinen Menschen braucht.

… und das den Hovawart-Menschen

»My home is my castle«: Diesen Satz können Sie wahrscheinlich unterschreiben. Denn für Familienmenschen hat das Zuhause Priorität. Praktische Dinge, wie mal ein Werkzeug in die Hand zu nehmen, sind für Sie wahrscheinlich auch kein großes Ding. Sie sind an vielem interessiert und zeichnen sich durch eine angenehme Lockerheit aus. Familie und Freunde bewundern Sie dafür, dass Sie vieles nicht gleich so ernst sehen und gelassen bleiben. Trotzdem ist Ihnen oft daran gelegen, den Überblick zu behalten. Vielleicht brauchen Sie das? Entscheidungen zu treffen und Grenzen zu setzen könnte Ihr Thema sein. Liegt es Ihnen im Blut oder fällt es Ihnen manchmal schwer?

IRISCHER WOLFSHUND

Das macht den Hund aus …

Bereits in der Antike wurden diese sanften, schlanken Riesen zur Jagd eingesetzt und waren wegen ihrer ungewöhnlichen Erscheinung ständige Begleiter von Königen und Adligen. Sie teilten jedoch das Los vieler mittelalterlichen Jagdhunde: Als Schusswaffen in Mode kamen, wurde ihre Arbeit überflüssig. Im 19. Jahrhundert waren die irischen Riesenzottel mehr oder weniger ausgestorben. Erst durch die Hilfe anderer großer Rassen konnten sie »wiedererschaffen« werden und wurden regelrechte Modehunde.

Kaum ein Hund ist, was Haltung und Aufzucht betrifft, so anspruchsvoll wie der gigantische Ire. Doch wird die ganze Mühe von seinem fabelhaften Charakter überstrahlt. Der Irish Wolfshound gilt als besonders sensibel, liebevoll und ausgeglichen. Er braucht Familienanschluss. Sein volles Potenzial kann er am besten bei Menschen entfalten, die ihm Zeit zum Großwerden geben und in der Wachstumsphase weder über- noch unterfordern. Seine ursprüngliche Verwendung als Hetzjäger auf Sicht macht den Irischen Wolfshund empfänglich für verschiedene Reize. Sobald er eine mögliche Beute sieht, spurtet er los. Deshalb sollten Impulskontrolle und das Vermeiden von jagdlichem Verhalten unbedingt von klein auf geübt und immer wieder verfestigt werden. So sanft und gutmütig dieser eindrucksvolle Hund auch ist, so intensiv und herausfordernd ist das Zusammenleben mit ihm. Großrahmige Caniden wie er brauchen viel Bewegungsraum, auch zu Hause, und tägliche, abwechslungsreiche Beschäftigung – am besten in einer großen, aktiven Familie.

… und das den Irish-Wolfshound-Menschen

Natürlichkeit, sagt man, ist eine Eigenschaft, die nur außergewöhnlichen Menschen zuteilwird. Und egal, ob Sie sich von Natürlichkeit angezogen fühlen oder sie selbst ausstrahlen: Sie sind in der Lage, sich an kleinen Dingen zu erfreuen und für sie dankbar zu sein. Freunde und Familie beschreiben Sie gerne als geselligen und spontanen Zeitgenossen. Trotzdem fällt es Ihnen womöglich nicht immer leicht, sich abzugrenzen. Aber bravo: Sie schaffen es immer öfter, charmant und bestimmt Grenzen zu setzen.

Etwas »anders« zu sein finden Sie vermutlich anziehend. Ihr Irischer Wolfshund ist ja auch nichts für die typische Standardfamilie – eher was für die von Pipi Langstrumpf. Äffchen, Pferd und kunterbuntes Haus in einem Hund zusammengefasst. Jetzt nur noch eine Frage: Spielen Sie lieber im Team Pipi oder im Team Anika?

JACK RUSSELL TERRIER

Das macht den Hund aus …

Was für eine Freude es doch macht, mit diesem Hund zusammenleben zu dürfen! Denn die kleinen weiß-bunten und robusten Terrier sind wahrhaftige Multitalente. In der Fachliteratur werden der Jacky und sein etwas langbeinigerer Freund, der Parson Russell, als Solitärjäger beschrieben. Das sind kleine, sehr robuste Hunde, die eigenständig arbeiten und den Jäger vielseitig unterstützen. Dabei empfinden sie menschliche Anweisungen eher als störend und lassen sich nicht gerne in ihren Job hineinreden. Bei der Erziehung und im Zusammenleben sind deshalb Geduld und Einfühlungsvermögen gefragt, vor allem aber ein langer Atem. Denn das tendenzielle Denken eines Jack Russell: »Angriff ist die beste Verteidigung« ist mit unseren heutigen Lebensverhältnissen nur schwer zu vereinbaren. Besonders in Städten leben viele Menschen mit vielen Hunden auf engem Raum. Wo ein Labrador vielleicht noch überlegt, hat ein Jack Russell schon längst eine Entscheidung getroffen und geklärt. Deshalb ist große Sorgfalt bei Prägung und Sozialisation unerlässlich. Klare Regeln, konsequent und ruhig umgesetzt, sind die Basis für ein entspanntes Miteinander.

Jack Russell haben ein lebhaftes Naturell, sind für jeden »Blödsinn« zu haben und fühlen sich deshalb auch bei Nichtjägern wohl, die viel Spaß bei hundesportlichen Aktivitäten haben. Aber Vorsicht: Mit seinem kecken Auftreten, der Lernfreude und Nerven wie Drahtseilen hat das charmante Raubein seinen Menschen schnell um den Finger gewickelt. Hunde mit so hohem Aktivitätslevel fordern ihren Besitzer ständig. Es ist ratsam, sich davon nicht unter Druck setzen zu lassen. Sonst bringt man den Hund schnell in die Überforderung.

… und das den Jacky-Menschen

Entweder: Dinge zu organisieren und auf die Beine zu stellen macht Ihnen viel Spaß. Sie freuen sich, wenn Sie anderen helfen können und genauso natürlich auch über positives Feedback. Gemocht zu werden ist ein schönes Gefühl! Lassen Sie aber nicht zu, dass andere deswegen ihre Dinge auf Sie abwälzen. Es ist völlig in Ordnung, Grenzen zu zeigen und auch mal Nein zu sagen.

Oder: Ihre Kollegen und Freunde beneiden Sie für Ihre Multitaskingfähigkeiten. Sie verfügen einfach über sehr viel Energie, was unter Umständen aber auch dazu führen kann, dass Sie nicht so leicht zurück in die Konzentration finden. Es jedem recht machen zu wollen kommt für Sie eher nicht infrage, oder? Everybody's Darling ist was für Weicheier. Rückgrat zu zeigen bedeutet eben, auch mal Grenzen zu ziehen.

KOOIKERHONDJE

Das macht den Hund aus …

In den wasserreichen Niederlanden mit ihren alten Flussgräben und Tümpeln hatte der zierliche Kooikerhondje eine ganz besondere Aufgabe: Er lockte wilde Enten an, die am Gewässer rasteten. Dort war ein Röhrenlabyrinth aus Reisig aufgebaut, in das der Kooikerhondje, der mit seiner weißen Rute am Ufer des Gewässers entlanglief, die Enten wie in eine Falle trieb. Diesen Job konnten natürlich nur besonders ruhige und eigenständige Hunde ausüben, die Spaß daran hatten, mit den Jägern zusammenzuarbeiten. Auch die heutigen Nachfahren dieser alten Hunderasse sind richtige Vorzeigeteamplayer, die Familienkontakt und gemeinsame Unternehmungen lieben.

Die kleinen Holländer sind wachsam, sehr intelligent und lernfreudig. Sie sind meist begeisterte Schwimmer, stöbern gern am Flussufer herum und haben eine hohe Frustrationsschwelle – sie bringt so schnell nichts aus der Ruhe. Intelligente und besonders willensstarke Hunde streben besonders nach menschlichen Partnern, die einen klaren Führungsstil vermitteln, sonst können sie unsicher und aufsässig werden. Mit der richtigen Dosis an artgerechter Beschäftigung ist der sensible und feinfühlige Kooikerhondje eine Bereicherung für die ganze Familie.

… und das den Kooikerhondje-Menschen

Als stolzer Besitzer eines Kooikerhondjes gehören Sie mit großer Wahrscheinlichkeit nicht zu den Menschen, die Entscheidungen ständig spontan und aus dem Bauch heraus treffen. Sie wägen vermutlich erst einmal ab und machen sich immer viele Gedanken. Das könnte etwas mit Ihrer sensiblen Seite zu tun haben. Sie besitzen nämlich die Gabe, auch die kleinsten Veränderungen in Ihrer Umgebung oder Ihres Gegenübers zu spüren. Deshalb sind Ihnen auch Details so wichtig. Wenn es Ihnen mal wieder schwerfällt, eine bestimmte Entscheidung zu treffen, denken Sie daran, dass Ihnen ein Perspektivenwechsel sehr guttun würde.

LABRADOR

Das macht den Hund aus …

Der aus dem Süden Neufundlands stammende St. John's Hund gilt als der Urahn des Labradors, so wie wir ihn heute kennen. Er war ein Arbeitshund und sprang schon auch mal ins Wasser, um den Fischern an der rauen Atlantikküste beim Einholen der Netze zu helfen. Zurück auf Deck fing er gerne entschlüpfte Fische ein. Kreuzungen mit diversen anderen Rassen, unter anderem dem Amerikanischen Grey Hound, formten einen hervorragenden Apportierhund, der bald in ganz Großbritannien berühmt war. Die Vielseitigkeit des Labradors ist außergewöhnlich. Sein Will to Please eilt ihm voraus. Aber was bedeutet das genau? Die Übersetzung »gefallen wollen« wird der wahren Bedeutung nicht gerecht. Denn »will to please« meint, dass der Hund von sich aus bemüht ist herauszufinden, was sein Mensch von ihm will. Und das versucht er, so gut es geht, umzusetzen. Lob und Anerkennung spornen Hunde mit dieser Eigenschaft noch mehr an. Das hat zur Folge, dass sie leichter zu erziehen sind und schneller Bindung aufbauen. Futterbelohnung steht dabei übrigens nicht unbedingt an erster Stelle. Labbis sind oft nur deshalb so verfressen, weil wir ihnen als Belohnung gerne Leckerchen anbieten. Und weil sie durchaus so intelligent sind, unser Belohnungsverhalten zu manipulieren, wird das mit dem Fressen irgendwann zum Selbstläufer.

In Sachen Beschäftigung ist der Labrador ein Allrounder. Vorsicht ist bei stumpfen Ballhetzspielen geboten, beispielsweise mit einer Wurfschleuder. Anstatt den Labrador auszulasten, machen sie einen gestressten Adrenalinjunkie aus ihm. Dabei hat er so viel mehr drauf: Obedience, Agility und besonders Nasenarbeit im Freien werden schnell seine große Leidenschaft und lassen Mensch und Hund als Team noch schneller zusammenwachsen.

… und das den Labbi-Menschen

Sie nehmen sich einige Dinge sehr zu Herzen und machen sich deshalb oft viele Gedanken. Warum eigentlich? Nachts wach zu liegen und zu grübeln könnte der Ausdruck einer unbewussten Suche nach innerer Struktur sein. Vielleicht liegt es daran, dass es Ihnen mal mehr, mal weniger schwerfällt, einfach Nein zu sagen, sich abzugrenzen und klar zu formulieren, was Sie wollen. Der Labrador an Ihrer Seite bringt Sie aufgrund seiner Genetik in Situationen, in denen Sie immer mal wieder mit sich selbst konfrontiert werden. Das erfordert oft Geduld und Ruhe. Jetzt können Sie ganz nebenbei lernen, innerlich »OMMM« zu sagen.

MAGYAR VIZSLA

Das macht den Hund aus ...

Wie historische Knochenfunde belegen, kamen Spürhunde bereits mit der Völkerwanderung in das Karpatenbecken, das heutige Ungarn. Aus ihnen entwickelte sich der ungarische Vorsteherhund, Magyar Vizsla. In einschlägigen Rasseporträts wird der Jagdhund als eleganter, sportlicher und mittelgroßer Hund beschrieben. Unter Berufsjägern gilt der Vizsla als wasserfreudig, vielseitig und intelligent, aber auch als rücksichtsloser Raubwildwürger. Mehr noch als die anderen Vorsteherhunderassen macht ihn seine Anhänglichkeit für Freizeitjäger attraktiv, die neben der Jagd einen gehorsamen Familienbegleiter schätzen. Genau diese Eigenschaften, sein elegantes und edles Aussehen und seine sensible Art sind der Grund, warum dieser Jagdhund als Haustier immer mehr in Familien gehalten wird.

... und das den Vizsla-Menschen

Laut, schrill und aufdringlich sein ist nicht Ihr Ding. Sie gehören eher zu den Menschen, denen man ein gewisses Maß an Introvertiertheit nachsagen könnte. Ihr Blick fürs Detail ist Ausdruck davon, dass Ästhetik für Sie eine Rolle spielt. Das gilt auch für Ihr äußeres Erscheinungsbild, genauso wie für das Halsband oder den Liegeplatz Ihres Magyar Vizsla. Unfreundlichen oder ungehobelten Zeitgenossen begegnen Sie stets mit Haltung, deshalb verfügen Sie über die Gabe, Provokationen einfach wegzulächeln. Aus dem Ruder gelaufene Unordnung oder Kontrollverlust sind Ihnen eigentlich fremd. Es fällt Ihnen leicht, noch im größten Chaos die Ruhe zu bewahren. Das war vielleicht nicht immer so, aber Sie haben gelernt, das Chaos zu kontrollieren. Das geht natürlich nur mit Struktur und einem Plan. Sie haben immer beides. Um diese Fähigkeit beneiden Sie viele Ihrer Freunde und Kollegen.

Entscheidungen zu treffen, auch wenn die Folgen einschneidend sind – das ist für Sie grundsätzlich kein Problem. Darum könnte man denken, Sie reagieren in bestimmten Momenten zu hart, zu streng – vor allem auch gegenüber sich selbst. Schauen Sie Ihrem Hund doch einfach einmal tief in die Augen. Wie Sie hat er eine ganz weiche, verletzliche Seite. Trauen Sie sich ruhig, diese noch mehr nach außen zu leben. Und falls Sie nicht sofort wissen, wie Sie das anstellen sollen: Ihr Magyar Vizsla zeigt Ihnen, wie das geht.

MOPS

Das macht den Hund aus ...

Der Mops blickt auf eine jahrtausendealte Geschichte zurück. Holländische Seefahrer brachten ihn im 16. Jahrhundert aus China mit nach Europa und ehe man es sichs versah, war der kleine Prachtkerl an allen europäischen Fürstenhöfen zu Hause. Kein Wunder, denn der liebenswürdige kleine Kerl ist trotz seiner Wachsamkeit gutmütig und selbst wenn unerfahrene Kinder mit ihm spielen, sehr geduldig. Er verträgt sich gut mit anderen Haustieren und ist generell sehr aufgeschlossen und neugierig. Möpse lieben die Natur und viel Beschäftigung, nur Wasser scheint nicht unbedingt ihr Element zu sein. Auf grund ihrer Gelehrigkeit und Neugierde sind sie für die unterschiedlichsten Beschäftigungen geeignet.

Was die Zucht dieser meist hellfalben, semmelblonden oder schwarzen Begleithunde angeht, hat sich der Mensch in den vergangenen Jahrzehnten nicht sonderlich mit Ruhm bekleckert. Zu kurze Nasen, Missbildungen im Mund- und Rachenraum (Brachyzephalie), hervorstehende Glubschaugen und eine deformierte Wirbelsäule sind der Preis dafür, einen Hund, der einst gesünder und viel natürlicher aussah, in ein Kindchenschema zu pressen. Das gilt heute zu Recht als tierschutzrelevant. Viele Züchter gehen deshalb zurück zum alten Mopstyp, mit längerer Nase und langbeinigerem Körperbau. Es wird Zeit, dass der Mops rehabilitiert wird. Das geht aber nur, wenn Übertreibungen und Grotesken in der Rassehundezucht vermieden werden.

... und das den Mops-Menschen

Sie lieben die Abwechslung und zu viel Routine und die immer gleichen Tätigkeiten können Sie unter Umständen sehr schnell langweilen. Deshalb stellen Sie sich neuen Herausforderungen, ganz egal welcher Art, mit Leichtigkeit und sind schnell für neue Themen zu begeistern. Kein Wunder, dass die Menschen in Ihrem Umfeld Sie oft als selbstbewusst beschreiben. Trotzdem sind Sie nicht der Typ, der schnell in Stress verfällt. Ihren Freunden fällt auf, dass Sie sehr fürsorglich und für jeden Quatsch zu haben sind. Sie lachen gerne, auch über Dinge, die anderen vielleicht verborgen bleiben. Denn Sie sind tief in Ihrem Inneren ganz Kind geblieben. Sie bleiben sich treu und als Individualist, der Sie nun mal sind, könnte Ihr Thema sein: Geduld zu lernen und unangenehmen Dingen, wie zum Beispiel Streit, nicht so oft aus dem Weg zu gehen.

PUDEL

Das macht den Hund aus ...

Pudelartige Hunde sind seit der Antike bekannt und bildeten die Ausgangsrasse vieler Jagd- und Hütehunderassen. Aber erst viel später trat der clevere Pudel seinen Siegeszug durch die Salons und Wohnzimmer des 19. und 20. Jahrhunderts an. Beethoven, die Monroe oder Rihanna, die Liste prominenter Pudelbesitzer ist ewig lang. Wer das spießige Bild eines grauen gelangweilten Schoßhundes älterer Damen im Kopf hat, wird ihm also keineswegs gerecht. Was macht den Pudel aber nun zu so einem besonderen Hund? Zum einen ist er für Anfänger genauso gut geeignet wie für Familien. Zum anderen wirken seine aufgeschlossene, oft alberne Fröhlichkeit und sein Charme auf jeden Hundefreund sofort ansteckend. Als ob er seinem Menschen zuruft: »Komm, steh auf, nimm mich mit hinaus in die Welt und zeige mir alles.« Zusätzlich besticht er mit seiner Vielseitigkeit. Der große Pudel hat das Talent für Hundesport, Apportieren, Nasenarbeit und Mantrailing – es gibt nichts, für was man einen Pudel nicht interessieren kann. Bei aufgedrehten Charakteren kann es oft schwerfallen, das richtige Maß an Beschäftigung zu finden. Hier braucht es aufmerksame Menschen, die ihren Pudel nicht überlasten, denn gerade Hunde mit einem hohen Aktivitätslevel brauchen ausgiebige Erholungsphasen. Den Pudel gibt es in vier Größen und verschiedenen Farben. Abgesehen von ihrer aufwendigen und künstlich wirkenden Schur für Showzwecke: Kurz geschnitten wirken Pudel einfach nur elegant und sind dadurch sehr pflegeleicht. Er ist als Anfängerhund genauso gut geeignet wie als Familienhund.

... und das den Pudel-Menschen

Dem Pudel sagt man nach, dass er einen mag oder eben nicht. Und genauso können Sie, was Freundschaften angeht, durchaus wählerisch sein. Das liegt daran, dass Sie bei Menschen, die Sie noch nicht so gut kennen, eher zögernd und zurückhaltend reagieren. Wo andere einfach ungehemmt und laut herumalbern, sind Sie ein feiner und sensibler Beobachter. Bei allem wissen Sie Schönheit und Perfektion zu schätzen und vielleicht hegen Sie sogar manchmal einen heimlichen Hang zur Exzentrik. Fällt es Ihnen manchmal schwer, aus sich herauszugehen? Trauen Sie sich doch einfach!

RHODESIAN RIDGEBACK

Das macht den Hund aus ...

Als Jagd- und Wachhund blickt der Ridgeback auf eine lange Geschichte und Tradition zurück. Die ursprünglich halbwilden Hunde mit einem Strich, dem Ridge, auf dem Rücken, wurden von den Ureinwohnern in Südafrika und Namibia sehr geschätzt. Die eingewanderten europäischen Buren kreuzten die Hunde wiederum mit ihren Mastiffs, Doggen und englischen Bloodhounds. Als unerschrockener, draufgängerischer Hund mit schnellem Reaktionsvermögen kam er fortan sogar bei der Löwenjagd zum Einsatz.

Heute werden Rhodesian Ridgebacks selten zur Jagd eingesetzt, sondern vor allem als Familienhunde gehalten. Sie gelten immer noch als unerschrockene und mutige Hunde, die ihre Besitzer und sich in bedrohlichen Situationen verteidigen. Fremden, egal ob Mensch oder Hund, begegnen sie oft desinteressiert bis misstrauisch. Aufgrund seiner unterschiedlichen Talente ist der Ridgeback ein sehr feinfühliges Lebewesen, das gerne auch seine sensible und weiche Seite zeigt. Er braucht einen ruhigen und gefestigten Menschen an seiner Seite, mit einem großen Gespür für die Bedürfnisse eines Hundes. Erfahrungen und Kenntnisse des Hundeverhaltens sind unbedingt erforderlich. Konsequent, liebevoll und mit Einfühlungsvermögen erzogen ist dieser überaus intelligente Hund ein loyaler Begleiter für sportliche und naturverbundene Menschen – egal ob zu Fuß, auf dem Rad oder zu Pferd.

... und das den Ridgeback-Menschen

Glückwunsch: Kollegen schätzen Sie für Ihre Loyalität, auch wenn Ihr Leben außerhalb des Büros oder der Firma stattfindet. Als feinfühliger und äußerst sensibler Zeitgenosse lieben Sie es, viel Zeit in der Natur zu verbringen. Vielleicht haben Sie genug davon, immer mal wieder mit dem Strom schwimmen zu müssen. Auch wenn Sie auf dem gesellschaftlichen Parkett eine gute Figur machen: Nirgends sonst fühlen Sie sich so angekommen wie unter freiem Himmel inmitten der Natur. Dieses Gefühl wollen Sie auch mit anderen teilen. Das Thema Familie spielt für Sie eine Rolle. Verantwortung, Liebe, Vertrauen, Unterstützung und Geborgenheit haben in Ihrem Leben schon immer einen Platz. Groß ist übrigens auch Ihr Anspruch an sich selbst. So haben Sie oftmals den Überblick und zögern auch nicht, nach dem Motto »Think Big!« zu handeln.

ROTTWEILER

Das macht den Hund aus ...

Gemütlichkeit und Treue stehen dem Rottweiler ins Gesicht geschrieben. Dabei ist der ursprüngliche Metzgerhund aus dem schwäbischen Rottweil ein ausdauernder Treiberhund, den man früher auch vor einen Lastenkarren spannen konnte und der zuverlässig Haus und Hof bewachte. Ein wahres Kraftpaket und Multitalent, der heute noch offiziell zu den Diensthunderassen der Polizei zählt. Ob der Rottweiler auch sein gutmütiges und anhängliches Wesen zeigen kann, hängt einzig und alleine von seinem Halter ab. Denn seinen schlechten Ruf verdankt er ausschließlich egoistischen Menschen, die ihn als aggressive Beißmaschine ausbildeten und rücksichtslos mit ihm auftraten.

In verantwortungsvollen und erfahrenen Händen, die ihm eine konsequente Erziehung ermöglichen, entwickelt sich der Rottweiler zu einem gefestigten, arbeitsfreudigen und anhänglichen Hund, der nicht gefährlicher ist als jeder andere Hund seiner Größe.

Vom Welpenalter an brauchen Hunde dieser Klasse eine abwechslungsreiche Sozialisierung und eine ruhige, aber bestimmte Führungspersönlichkeit. Wie die meisten Hunde braucht auch der Rotti einen engen Kontakt zu seiner Familie. Für Menschen, die diese Herausforderung annehmen und ihm auch genügend geistige und körperliche Auslastung anbieten, wird sich dieser sanfte und gleichzeitig temperamentvolle Hund als treuer und verlässlicher Begleiter zeigen können.

... und das den Rotti-Menschen

Das, was sich viele Menschen sehnlichst wünschen, nämlich in sich selbst zu ruhen, können Sie mit links. So ruhig und gelassen Sie in den unterschiedlichsten Situationen reagieren, könnte man meinen, Hektik ist für Sie einfach nur viel Lärm um nichts. Menschen, die ihre Ziele mit überaus großem Ehrgeiz oder krampfhaft fokussiert angehen, sind Ihnen nicht geheuer. Für Sie steht Ihr Glück und das Ihrer Familie an erster Stelle. Dafür haben Sie ein einfaches Rezept: Problemen begegnen Sie mit der Einstellung: »Entspannt euch, wir werden schon eine Lösung finden.« Ignorieren Sie einfach die Menschen, die Sie und Ihre Lebenseinstellung nicht ernst nehmen. Vielleicht haben Sie sich bisher bei Kritik aus Unsicherheit eher zurückgezogen. Zeigen Sie öfter Grenzen und gehen Sie ruhig auch mal nach vorn.

SHETLAND SHEEPDOG

Das macht den Hund aus …

Der Shetland Sheepdog stammt von den Shetlandinseln nördlich von Schottland, und ja, man könnte sagen, er erinnert auf den ersten Blick an eine kleine Ausgabe des Langhaarcollies. Früher hatte der »Shetland Collie« viele Aufgaben: den Hof bewachen, Ratten und Mäuse fangen, den Schäfer beim Hüten der Schafe unterstützen … Dabei war der wendige und schnelle Hund auch längere Zeit mit den Schafen allein. Der Sheltie ist auch heute noch ein kluger, robuster, selbstständiger und sehr lebhafter Mitbewohner. Er meldet lautstark alles, was sich regt und nähert. In der gemeinsamen Beschäftigung mit seinem Besitzer geht er voll und ganz auf. Teamsport ist sein Ding und beim Agility feiert er internationale Erfolge. Der Shetland Sheepdog ist ein sehr menschenbezogener Hund, der viel liebevolle Aufmerksamkeit benötigt. Und er ist ein echter Naturbursche, für den die Losung gilt: »Es gibt kein schlechtes Wetter, sondern nur faule Menschen.«

… und das den Sheltie-Menschen

Wenn die Dinge in Ihrem Umfeld anfangen, sich zu verkomplizieren, sind Sie mit großer Wahrscheinlichkeit schnell raus. Warum machen manche Leute aus einer Mücke auch immer gleich einen Elefanten? Vermutlich sind Ihnen deshalb auch geordnete Verhältnisse nicht unwichtig. Zumindest nach außen. Was im Inner Circle abgeht, braucht ja auch niemand zu wissen. Privat ist schließlich privat! Für Ihre Verschwiegenheit werden Sie deshalb auch von ganz bestimmten Menschen in Ihrer Umgebung geschätzt. So wie andere sich ständig neue Probleme ins Leben holen, wissen Sie gekonnt stürmisches Gewässer zu umsegeln. Lassen Sie sich nicht verunsichern. Es zahlt sich langfristig nicht aus, unangenehmen Dingen ständig aus dem Weg zu gehen. Sie können sich noch mehr trauen und zutrauen. Wie gut ist es doch, dass Ihr kleiner Sheltie Sie täglich ganz charmant aus der Komfortzone lockt.

YORKSHIRE TERRIER

Das macht den Hund aus …

Starkes Ego, kleiner Körperbau, zotteliges Fell und ein Blick zum Dahinschmelzen, das ist eine Mischung, die viele Menschen magisch anzuziehen scheint. Dabei waren die Terrier aus dem Norden Englands Anfang des 19. Jahrhunderts keine Zwerge, sondern stattliche Mäuse- und Rattenjäger, die auch den Kampf mit einem Marder nicht aus dem Weg gingen. In den 1970er-Jahren stieg die Popularität der klugen und selbstbewussten Tiere. Gezielt wurden immer kleinere Hunde gezüchtet, um die Nachfrage zu decken. Herausgeputzt, geföhnt und mit rotem Schleifchen im Haar, wurde der Yorkshire zum Inbegriff des Schoßhündchens. Dabei hat er so viel mehr zu bieten. Er sehnt sich nach einem Menschen, der ihn nicht nur als modisches Accessoire sieht, sondern ihm ein verlässlicher Bindungspartner ist. Sonst wird der Kleinhund schnell unsicher und das kann wiederum rasch in unangenehme Verhaltensweisen umschlagen. Ganz und gar Terrier, liebt er spannende Ausflüge und lange Spaziergänge. Mit anderen Hunden kann er große Freundschaften schließen und im Freien sind Apportieren und Suchspiele seine große Leidenschaft.

… und das den Yorkshire-Menschen

Glückwunsch, Sie gehören zu den Menschen, die sich das Heft nicht so schnell aus der Hand nehmen lassen. Wenn Sie einmal in Fahrt sind, dann kann Sie niemand so schnell stoppen. Die Menschen sind gerne in Ihrer Nähe und schätzen Ihre Herzensgüte. Und weil Sie hübsche, schöne Dinge wertschätzen können, bitten Freunde Sie ab und an um Rat in Geschmacksfragen. Sie ertragen viel, aber lassen sich nicht ausnutzen und die Butter vom Brot nehmen. Für die Dinge, die Sie letzten Endes ausmachen, haben Sie schließlich auch hart gearbeitet oder gekämpft. Was das Loslassen bestimmter Dinge und Themen angeht: Es fällt einfach manchmal schwer. Vielleicht finden Sie es spannend, für manche ein kleines Rätsel zu sein. Hauptsache ist doch: Sie wissen, was Sie wollen!

ZWERGSPITZ

Das macht den Hund aus …

Als Kaufleute besonders kleine Spitze aus Pommern nach England brachten, konnten sie nicht ahnen, welchen Boom sie damit 200 Jahre später auslösen würden. Queen Victoria liebte ihre Pomeranians, besonders ihren ersten Hund Marco, den sie 1893 sogar von Charles Burton Barber verewigen ließ – auf dem Frühstückstisch! Ihr königlicher Zwinger beherbergte teilweise 35 Zwergspitze. Vor allem aber war Victorias Einfluss auf die damalige Gesellschaft so groß, dass die fröhlichen Kleinhunde bald weit über England hinaus begehrt waren.

Zwergspitze gelten als extrem anhänglich und menschenbezogen. Alleine bleiben ist dementsprechend, wenn nicht früh geübt, oft ein schwieriges Thema. Die intelligenten Kleinhunde sind aufgrund ihrer Genetik sehr wachsam und bellfreudig. Vom Welpenalter an brauchen sie klare Regeln, auf deren Befolgung konsequent, aber liebevoll bestanden werden muss. So souverän und selbstbewusst ein Zwergspitz auch wirken kann, erst feste Regeln und wiederkehrende Rituale geben ihm den nötigen seelischen Rückhalt. Dann kann er sich entspannen und ganz in seinem Menschen aufgehen. Eine frühe Sozialisierung im Umgang mit anderen Hunden ist ebenfalls vorteilhaft. Kleine Hunderassen sind wegen ihrer Größe viel schneller überfordert. Die ganze Welt scheint dann bedrohlich. Hinzu kommt, dass »Handtaschenhunde« oft an Unterbeschäftigung leiden. Ihre Grundbedürfnisse nach ausgiebiger Bewegung und Herumschnüffeln in der Natur werden einfach nicht erfüllt.

… und das den Zwergspitz-Menschen

Entweder: Sie sind ein ganz schöner Wirbelwind und haben richtig Power. Bis die anderen in die Gänge kommen, haben Sie schon alles dreimal erledigt. Das hat damit zu tun, dass Sie sich schnell für eine gute Sache begeistern können. Für Sie ist das Glas meistens halb voll. Deshalb fühlen sich andere auch von Ihnen angezogen und lassen sich von Ihnen mitreißen. Bei vielem haben Sie aber vermutlich auch Ihren eigenen Kopf und brauchen Abwechslung, um rundum happy zu sein. Könnte durchaus sein, dass Sie sich tief im Inneren etwas mehr Entspanntheit in Ihrem Leben wünschen, zumindest in absehbarer Zeit.
Oder: Um Menschen, die Sie stressen oder Stress in Ihr Leben bringen, machen Sie einen großen Bogen. Sie sind eher der entspannte Typ, der die Dinge auf sich zukommen lässt. Das soll aber nicht heißen, dass Sie in bestimmten Situationen nicht gerne alles unter Kontrolle haben. Aber wahrscheinlich wissen Sie eh immer viel besser als alle anderen, was gerade gespielt wird.

NACHWORT

Was die Wissenschaft heute über Hunde weiß, über ihr Verhalten und ihre Biologie, ist so viel mehr als noch vor 30 Jahren – so als würde man einer elektrischen Schreibmaschine ein ultramodernes Powerbook gegenüberstellen. Und zukünftige Forschung wird die Frage nach den Ursachen für diese Verhaltensspiegelungen immer weiter untersuchen. Aber es ist doch schon jetzt so und jeder, der mit seinem Hund Seite an Seite durchs Leben geht, wird mir zustimmen: Hunde fühlen wie wir, freuen sich wie wir und trauern und leiden wie wir. Tja, und manchmal sehen sie sogar so aus wie wir. Ich frage mich, warum wir ihnen dann nicht die gleiche Achtung entgegenbringen wie unseren Mitmenschen. Warum tun wir uns so schwer damit anzuerkennen, dass Hunde ein Bewusstsein und auch eine Seele besitzen? Verhaltensspiegelungen existieren. Und wir als Hundeeltern spielen dabei die wichtigste Rolle.

UNSERE LEBENSQUALITÄT VERBESSERT SICH UNGLAUBLICH, WENN WIR ANFANGEN, AUF UNSEREN HUND ZU HÖREN.

Trauen wir uns doch ganz einfach, in den Spiegel zu blicken. Sicher, es gehört zu unserer Natur, Dinge, die uns einmal sehr wehgetan und verletzt haben, tief in unserem Inneren wegzusperren. Es ist eine Art Automatismus zum Selbstschutz. Unseren vierbeinigen Partnern können wir aber nichts vormachen. Sie haben ein untrügliches Gespür dafür, ob wir bei dem, was wir tun, authentisch sind. Und wenn wir uns darauf einlassen, machen sie uns das größte Geschenk, das wir einander geben können: Sie helfen uns dabei, uns selbst zu erkennen. Gibt es ein größeres Geschenk?

Helfen zu erkennen, wer man ist und was man vom Leben will: Das kann kaum einer so gut wie Hunde.

BÜCHER UND ADRESSEN, DIE WEITERHELFEN

Bücher

Arce, José: Meine 5 Geheimnisse für eine glückliche Mensch-Hund-Beziehung. Gräfe und Unzer Verlag, München

Bendel, Jochen: Das Wunder der Bindung. Gräfe und Unzer Verlag, München

Bradshaw, John: Hundeverstand. Kynos, Nerdlen/Daun

Brück, Sebastian/Lenzen, Dirk: Wenn Hunde sprechen könnten und Menschen richtig zuhören. Gräfe und Unzer Verlag, München

Garfield, Simon: Des Hundes bester Freund. Graefe und Unzer Verlag, München

Hüllenkremer, Silvia: Der Hund als Spiegel der Seele. Fred & Otto, Berlin

Leuze, Julie/Henkelmann, André: Wahres Hundeglück im Doppelpack. Gräfe und Unzer Verlag, München

Ludwig, Gerd/Wegler, Monika: Hunde verstehen lernen. Gräfe und Unzer Verlag, München

Kirchhoff, Stefan: Streuner! Straßenhunde in Europa. Kynos, Nerdlen/Daun

Kotrschal, Kurt: Hund & Mensch. Das Geheimnis unserer Seelenverwandtschaft. Brandstätter Verlag, Wien-München

Rützel, Anja: Schlafende Hunde. Berühmte Menschen und ihre Haustiere – zehn Liebesgeschichten. Kiepenheuer & Witsch, Köln

Schlegel-Kofler, Katharina: Hundeerziehung mit Spaß. Gräfe und Unzer Verlag, München

Vogt, André: Typgerechtes Welpentraining. Gräfe und Unzer Verlag, München

Wischall-Wagner, Alexandra: Entspannter Mensch, entspannter Hund. Gräfe und Unzer Verlag, München

Ziemer, Jörg/Ziemer-Falke, Kristina: Welpen-Basics. Gräfe und Unzer Verlag, München

Zeitschriften

Der Hund. FORUM Zeitschriften und Spezialmedien GmbH, Merching, **www.derhund.de**

Dogs. Ein Herz für Tiere Media GmbH, München, **www.dogs-magazin.de**

HundeWelt. Minerva Verlag, Mönchengladbach, **www.hunde-welt.de**

Partner Hund. Ein Herz für Tiere Media GmbH, München, **www.partner-hund.de**

Unser Rassehund. Hrsg. Verband für das Deutsche Hundewesen e. V., Dortmund, **www.unserrassehund.de**

Wuff. Petmedia Verlagsgesellschaft mbH, Maria-Anzbach, **www.wuff.de**

Adressen

Verband für das Deutsche Hundewesen (VDH) e. V.
Westfalendamm 174
44141 Dortmund
www.vdh.de

Berufsverband der Hundeerzieher/innen und Verhaltensberater/innen e. V. (BHV)
Alt Langenhain 22
65719 Hofheim
www.hundeschulen.de

Österreichischer Kynologenverband
Siegfried-Marcus-Straße 7
A–2362 Biedermannsdorf
www.oekv.at

Schweizerische Kynologische Gesellschaft
Sagmattstrasse 2
CH–4710 Balsthal
www.skg.ch

Internetadressen

www.jochenbendel.tv
Mehr zu mir und meiner Hundetraining-Philosophie.

www.beratungundtraining.at
Internetseite von Iris Schöberl, eine Koryphäe in der Forschung zur Mensch-Tier-Beziehung und meine Expertin von Seite 34 ff. und 160 f.

www.freude-am-hund.info
Hundeschule der Tierpsychologin und Hundetrainerin Rita Kampmann, die mir auch diesmal wieder viel Input für das Buch geliefert hat und mit der ich das »Hundehoroskop« ab Seite 169 entwickelt habe.

Infos rund um den Hund:
www.hunde.com
www.hunderassen.de
www.hundezeitung.de
www.hundewelt.at

Ideen für Spiele und Beschäftigung mit dem Hund:
www.spass-mit-hund.de

Infos über Hundesport:
www.dhv-hundesport.de
www.oegv.at
www.dogevents.ch

DANKSAGUNG

Ein Buch über Spiegelungen zu schreiben war ehrlich gesagt auch für mich eine Reise zu mir selbst. Mich meinem eigenen »Thema« zu stellen fiel mir teilweise gar nicht so leicht. Ich kann daher gut verstehen, dass dies für den ein oder anderen durchaus eine Herausforderung ist. Deshalb möchte ich mich zuerst bei Ihnen, meinen Leserinnen und Lesern, bedanken, dass Sie mir Ihre Zeit geschenkt und Interesse an diesem Buch gezeigt haben. Und dafür, dass Sie sich auf diese zugegeben etwas besondere Thematik einlassen. Das ist nicht selbstverständlich!

Einen großen Anteil an den Gedanken und Theorien zu diesem Buch hatte meine gute Freundin und Mentorin Rita Kampmann. Durch sie bin ich im Rahmen meiner Ausbildung überhaupt erst mit dem Phänomen der Mensch-Hund-Spiegelung vertraut worden. Ihr schulde ich meinen größten Dank und Respekt. Mein Mann Matthias hat mich während der Arbeit und Recherche zu diesem Buch immer wieder motiviert, unterstützt und auch »ausgehalten«. Geduld ist nämlich, wie Sie ahnen, als hektischer Typ nicht gerade meine größte Stärke … Die Bindungsexpertin Dr. Iris Schöberl hat in vielen Face Time Calls und E-Mails meine Neugierde durch ihr fundiertes Wissen und ihre langjährige Berufserfahrung gestillt und so ebenfalls einen großen Teil zur Erhellung des Themas beigetragen. Besonders danken möchte ich auch Sylvie Hinderberger, die zum zweiten Mal mein Buch lektoriert und mich geduldig und vor allem mit sehr viel Einfühlungsvermögen und Sachverstand durch das Schreiben geführt hat. Fabian Barthel von GU hat dieses Buch redaktionell betreut und schützend seine Hand darübergehalten. Die wundervolle Fotografin Debra Bardowicks schafft es jedes Mal aufs Neue, besondere Momente einzufangen, und machte es so unserer Bildredakteurin Petra Ender leicht, die passenden Aufnahmen für dieses Buch auszuwählen.

Ich möchte hier auch noch ein Wort über meine eigenen Fellnasen Gizmo und Khaleesi verlieren. Gerade der kleine Mops war vom ersten Tag an mein bester Freund und mittlerweile ist der alte Zockel schon elf Jahre an meiner Seite. Durch den Spiegel hat er mir seitdem täglich meine eigenen Schwächen aufgezeigt und mir so dabei geholfen, an meiner Persönlichkeit zu arbeiten. Ein Geschenk, das mir niemand nehmen kann, selbst wenn er eines (hoffentlich) fernen Tages seine Reise über die Regenbogenbrücke antreten muss.

Ein Buch ist Teamarbeit und dieses Team hat mich wirklich durch den ganzen Entstehungsprozess getragen, vor allem auch meine persönliche Crew rund um Kati Langenkämper und Krissi van der Viven. Ich freue mich schon, euch alle bei meinem nächsten Buch wiederzusehen.

DIE WERDEN SIE AUCH LIEBEN.

ISBN 978-3-8338-7096-5

ISBN 978-3-8338-6838-2

ISBN 978-3-8338-8168-8

ISBN 978-3-8338-7282-2

ISBN 978-3-8338-8194-7

ISBN 978-3-8338-7898-5

e Auch als eBook erhältlich.

G|U

Mehr von GU auf **www.gu.de** und **facebook.com/gu.verlag**

LIEBE LESERINNEN UND LESER,

wir wollen Ihnen mit diesem Buch Informationen und Anregungen geben, um Ihnen das Leben zu erleichtern oder Sie zu inspirieren, Neues auszuprobieren. Wir achten bei der Erstellung unserer Bücher auf Aktualität und stellen höchste Ansprüche an Inhalt und Gestaltung. Alle Anleitungen und Rezepte werden von unseren Autoren, jeweils Experten auf ihren Gebieten, gewissenhaft erstellt und von unseren Redakteur*innen mit größter Sorgfalt ausgewählt und geprüft.

Haben wir Ihre Erwartungen erfüllt? Sind Sie mit diesem Buch und seinen Inhalten zufrieden? Wir freuen uns auf Ihre Rückmeldung. Und wir freuen uns, wenn Sie diesen Titel weiterempfehlen, in Ihrem Freundeskreis oder bei Ihrem Online-Kauf.

Sollten wir Ihre Erwartungen so gar nicht erfüllt haben, tauschen wir Ihnen Ihr Buch jederzeit gegen ein gleichwertiges zum gleichen oder ähnlichen Thema um.

KONTAKT ZUM LESERSERVICE

GRÄFE UND UNZER VERLAG
Grillparzerstraße 12
81675 München

GRÄFE UND UNZER

Ein Unternehmen der
GANSKE VERLAGSGRUPPE

GU ist eine eingetragene Marke der GRÄFE UND UNZER VERLAG GmbH, www.gu.de

ISBN 978-3-8338-8175-6

1. Auflage 2022

Projektleitung: Fabian Barthel
Lektorat: Sylvie Hinderberger
Bildredaktion: Petra Ender; Natascha Klebl (Cover)
Umschlaggestaltung und Layout: ki 36 Editorial Design, Petra Schmidt
Herstellung: Petra Roth
Satz: Christopher Hammond
Reproduktion: Longo AG, Bozen
Druck und Bindung: Firmengruppe APPL, aprinta druck, Wemding

Die Fotografin:
Debra Bardowicks ist seit ihrer Kindheit von Tieren fasziniert. Mit ihrem Beruf verbindet sie beide Leidenschaften: Tiere und Fotografie. Als freie Fotografin reist sie für ihre spannenden Projekte um die Welt. Zahlreiche Bilder von ihr findet man in Zeitschriften und Büchern. Tierfotos von Debra Bardowicks gibt es im Internet unter: www.animal-photography.de

Bildnachweis:
Cover: Debra Bardowicks
Weitere Bilder: Alle Bilder in diesem Buch stammen von Debra Bardowicks, mit Ausnahme von: Getty Images: 187, 188; iStockphoto: 208; Shutterstock: 172, 183, 192, 195, 199, 203, 207, 215; stock.adobe.com: 168, 171, 175, 176, 179, 180, 191, 196, 200, 211, 212, 216; Tierfotoagentur: 184; Wildlife/Juniors: 184.

Syndication: www.seasons.agency

Umwelthinweis:
Nachhaltigkeit ist uns sehr wichtig. Der Rohstoff Papier ist in der Buchproduktion hierfür von entscheidender Bedeutung. Daher ist dieses Buch auf PEFC-zertifiziertem Papier gedruckt. PEFC garantiert, dass ökologische, soziale und ökonomische Aspekte in der Verarbeitungskette unabhängig überwacht werden und lückenlos nachvollziehbar sind. Die GU-Homepage finden Sie unter www.gu.de

Wichtiger Hinweis:
Die Gedanken, Methoden und Anregungen in diesem Buch stellen die Meinung bzw. Erfahrung des Verfassers dar. Sie wurden vom Autor nach bestem Wissen erstellt und mit größtmöglicher Sorgfalt geprüft. Sie bieten jedoch keinen Ersatz für persönlichen kompetenten medizinischen Rat. Jede Leserin, jeder Leser ist für das eigene Tun und Lassen auch weiterhin selbst verantwortlich. Weder Autor noch Verlag können für eventuelle Nachteile oder Schäden, die aus den im Buch gegebenen praktischen Hinweisen resultieren, eine Haftung übernehmen.